MASAJE PERCEPTUAL

PSICOMOTRICIDAD
Sensopercepción

MASAJE PERCEPTUAL

Método

Para una práctica sencilla y saludable

Lucía Meltec

(Enriqueta Martínez Weiss)

© 2021 Enriqueta Martínez Weiss
Lucía Meltec (seudónimo)
Todos los derechos reservados.

ISBN: 9798594682658
Sello: Independently published
Madrid 2021

mmtweiss@gmail.com
https://enriquetamartinezweiss.wordpress.com/
YouTube: Enriqueta Martinez Weiss

Percibir el cuerpo en su totalidad, con armonía y placer, es un viaje, por su naturaleza sensorial, hacia la felicidad.

ÍNDICE

PREFACIO 11

CAPÍTULO 1 13
    ¿Damos un masaje? 15
    ¿Qué ocurre cuando tocamos? 16
    La magia de la sensación 16
    De la sensación a la percepción 20
    Generalidades sobre masaje y percepción 22
    Piel 27
    Sistema del tacto o sistema háptico 31
    ¿Qué es la percepción? 32
    ¿Cómo se organiza la percepción? 34
    ¿Qué es el sentir? 36
    Nuestro organismo y las percepciones 37
    ¿Quién soy?, ... 40
    ¿Qué imagen tengo de mí? 40
    ¿Sabes por qué al sistema nervioso le hace bien el masaje? 42
    El masaje como comunicación beneficiosa y participativa 45

CAPÍTULO 2 51
Conceptos básicos sobre fisiología y psicología, recursos útiles
    UNA MIRADA A LA FISIOLOGÍA 53
    Lugar, elementos, formas, y técnicas 60
    Element os, formas y técnicas en el masaje perceptual 62
    Diferentes formas de usar las manos en un masaje 65
    Objetos para masaje perceptual 69

INFORMACIÓN BÁSICA MASAJE PERCEPTUAL 73
Percepción de superficie, acción sobre la piel 73
Percepción de volumen, acción sobre la musculatura 75
Percepción de estructura, acción sobre los huesos 78
Tiempos y ritmos 83

CAPÍTULO 3 85
Práctica del masaje perceptual 85
PRÁCTICA DEL MASAJE PERCEPTUAL 87
Ejemplo de masaje perceptual utilizando un objeto 89
Masaje perceptual utilizando las manos 91
Masaje perceptual en la parte anterior del cuerpo 91
Masaje perceptual en la parte posterior del cuerpo 98

CAPÍTULO 4 103
Masaje perceptual en la vida cotidiana
EL MASAJE PERCEPTUAL EN LO COTIDIANO 105
Masaje perceptual en situaciones lúdicas 109
Sugerencias de masajes para compartir entre amigues 110
Auto masaje perceptual 120
Masaje perceptual en la infancia 123
Masaje perceptual y adolescencia 131
Masaje perceptual en personas adultas 133
Masaje perceptual en personas mayores 135
Regalo 137

SOBRE LA AUTORA 139

AGRADECIMIENTOS 141

PREFACIO

Mi deseo es aportar, a partir de la psicomotricidad y de mi experiencia en el trabajo de educar la percepción del cuerpo, en mí y en otras personas, conceptos y metodolo- gías capaces de enriquecer esta disciplina maravillosa que es el masaje, ayudando a organizar todos aquellos aspectos que puedan estar dispersos, ausentes o no explícitos, en los conocimientos que ofrecen las diferentes técnicas y escuelas de masaje.

El masaje perceptual, como le denomino, reúne conocimientos de diversas escuelas y técnicas de masaje, y conceptos recogidos de la fisiología, psicología, psicomotricidad y comunicación.

El objetivo del método es organizar las sensaciones y percepciones que se ofrecen durante un masaje, con el fin de que la conciencia corporal se unifique e enriquezca, evitando errores frecuentes, como estimular o tratar una sola parte del cuerpo, sin prestar atención u olvidando el resto, con lo que la persona se siente disociada, afectando negativamente la percepción, imagen y conciencia que tiene de su cuerpo.

Con este estudio sobre la percepción y su importancia en el masaje, que desarrollo en este libro, animo a los y las profesionales del masaje, a que incorporen nuevos conocimientos, enfoques y metodologías, logrando que su trabajo sea cada vez más eficiente y generoso.

Animo también a todas las personas que trabajan educando y sanando el cuerpo, personal sanitario, profesores de actividades físicas, teatro, danza, etc., que incorporen la práctica del masaje perceptual a sus tareas, lo que ayudará a aumentar la capacidad perceptiva y cognitiva.

Animo especialmente a toda persona que quiera dar a sí misma o a otra persona un masaje, que lo realice con confianza, tranquilidad, entrega y placer. Teniendo en cuenta la información y la metodología expuesta en este libro, comprobará que dar un masaje perceptual es sumamente sencillo.

Sentir y que nos hagan sentir organizando la percepción del cuerpo, es enriquecedor y sanador.

CAPÍTULO

1

sentir y percibir

¿DAMOS UN MASAJE?

Dar un masaje a otra persona es maravilloso y aún más recibirlo. ¿Qué es lo que hace de este hecho algo tan especial?

En primer lugar, una persona nos dedica parte de su tiempo en exclusividad, tiene algo importante que darnos, su acción está encaminada a generar placer, favorecer la salud, proporcionar conocimiento, mitigar dolores y tensiones, producir relajación y generar infinidad de variadas sensaciones. Dar un masaje es un arte que se aprende, educando la sensibilidad, conociendo y utilizando técnicas específicas.

Al recibir un masaje, aunque éste sea mínimo, sentimos un placer primario, nos retrotrae a los cuidados maternos, a los mimos recibidos por las personas que nos cuidaron, a ese estado de abandono y entrega, en la confianza de estar en buenas manos.

El propósito de estas páginas, es ayudar a que el masaje sea lo más reconfortante y rico posible a nivel perceptual, colaborando al conocimiento del cuerpo, de sus sensaciones y percepciones, enriqueciendo la conciencia corporal, ayudando a tener buen vínculo con nuestro cuerpo y con otras personas. En la relación generosa y de confianza que se genera entre la persona que da el masaje y la que lo recibe, se experimenta y aprende una forma de comunicación solidaria y enriquecedora.

En general, se entiende como masaje una acción en la que se actúa con una técnica específica, sobre la piel, músculos y huesos, se provocan movimientos, sensaciones y percepciones, en el propio cuerpo o en el de otra persona.

La persona recibe el masaje en forma pasiva, se abandona a la acción con entrega y confianza. El masaje puede efectuarse en posición sentada, arrodillada, tumbada en una camilla o en el suelo. Se utilizan en su realización, las manos, los pies, partes del cuerpo u objetos intermediarios, como pelotas, rodillos, plumas, etc... En general prima la estimulación táctil, complementada con estímulos a otros sentidos, como pueden ser la música, los aromas, la luz o los colores.

Los masajes pueden tener como objetivo producir salud física o psíquica en el cuerpo o simplemente disfrutar, lo que necesariamente genera salud.

¿QUÉ OCURRE CUANDO TOCAMOS?

LA MAGIA DE LA SENSACIÓN

Cuando tocamos el cuerpo, le movemos o presionamos, estamos estimulando un conjunto de receptores que nos informan sobre variadas y complejas sensaciones. Gran cantidad de receptores nerviosos se ponen en acción y nos cuentan sobre fenómenos que ocurren en nuestro cuerpo.

Cuando una mano amada nos acaricia y cuando una araña camina por nuestra piel, los receptores del tacto nos avisan de ello, aunque nuestra reacción sea diferente en cada circunstancia. Cuando tomamos el sol en la playa, nos quemamos con fuego, comemos un helado, o tomamos un té caliente, se activan receptores de temperatura. Cuando bailamos los receptores nerviosos que se encuentran en las articulaciones nos ofrecen las sensaciones de movimiento.

Los receptores ubicados en la piel nos informan sobre tacto, frío, calor, dolor; los ubicados en las articulaciones sobre el movimiento y la posición del cuerpo; los que se encuentran en los músculos, sobre su relajación y tensión; los ubicados en los órganos dan información sobre su funcionamiento; en las fosas nasales encontramos los receptores del olfato, que nos informan sobre olores; en la cavidad bucal los del gusto, etc.

Si bien hay receptores especializados que abundan en una determinada zona, como los táctiles y del dolor en la piel, muchos de ellos se encuentran también en otros lugares del cuerpo, como los mecanoreceptores (sensación de presión sobre un tejido) y los de dolor en el interior del cuerpo.

En una determinada sensación, intervienen estímulo, receptor, efector y el sistema nervioso encargado de organizarla. Los estímulos, son capaces de activar unos receptores nerviosos que provocan una sensación, pueden venir de fuera de nuestro cuerpo, como la lluvia que nos moja, o de su interior, como un irritación de estómago.

El sistema nervioso, interpretará la sensación y decidirá si es necesario activar un efector (músculos o glándulas), encargado de producir una respuesta, por ejemplo, correr para no mojarse, ir a buscar una medicina para el dolor.

¿Qué es la sensación?

La sensación es la respuesta directa e inmediata a la estimulación de los órganos sensoriales.

Las sensaciones se reciben a través de los cinco sentidos, gusto, tacto, vista, oído, olfato. Hay también sensaciones complejas, como las kinestésicas (movimiento), espaciales (dónde estoy, hacia dónde me muevo), estereognósicas (reconocer los objetos mediante el tacto), viscerales, etc.

El receptor sensorial es un órgano con terminaciones nerviosas especializadas, capaces de captar un estímulo. Puede corresponder al sistema exteroceptivo, como la visión, audición, olfato, tacto, gusto, o interoceptivo como el movimiento, o las diferentes sensaciones internas de nuestro organismo.

El efector tiene la capacidad de emitir una respuesta como consecuencia de la estimulación del receptor. En general, los efectores son músculos que reaccionan produciendo movimientos o glándulas y partes del sistema nervioso que reaccionan secretando sustancias que producen reacciones en el organismo, como cuando nos invade la ira, o la ternura.

La mayoría de las sensaciones que sentimos son complejas e intervienen en ellas muchos estímulos, receptores y efectores.

Los órganos de los sentidos, con sus correspondientes receptores reciben estímulos, captan información que el sistema nervioso procesa, selecciona y decide si ésta es importante para la persona, con el fin de elaborar una respuesta. Si hace calor y la lluvia es suave, al mojar la piel nos produce un estado de felicidad (el cerebro ha producido endorfinas, una sustancia que genera alegría) y el cerebro decide que es agradable danzar bajo la lluvia, a lo que nuestros músculos responden y danzamos. La respuesta a los estímulos es dada por los efectores. Los efectores conforman una compleja estructura de moléculas y células especializadas en elaborar respuestas y preparar la acción, haciendo efectiva la orden que proviene del sistema nervioso.

En general son efectores glándulas y músculos.

Las sensaciones dependen de la cantidad de estímulo y de su naturaleza diferencial (si se toca simultáneamente en dos sitios muy cercanos, se siente como un solo toque, o la imposibilidad de distinguir un objeto negro en una habitación oscura).

No necesariamente una persona se da cuenta de cuál es el estímulo que le provoca una sensación, para que se percate del estímulo que la produce, tiene que existir una relación sensorial que contenga una motivación, una necesidad, una experiencia previa.

Cada persona vivencia de forma muy personal las sensaciones, por lo que las percepciones difieren en matices de una persona a otra.

En el masaje perceptual, intervienen principalmente dos tipos de sensaciones, la táctil y la propioceptiva.

La sensación táctil, ofrece información sobre la superficie del cuerpo, su forma, los órganos que en ella se encuentran, el contraste entre partes blandas y duras y los objetos con los que contacta.

La sensación propioceptiva, informa del movimiento en cada articulación del cuerpo.

Ambas sensaciones, táctil y propioceptiva, favorecen la percepción de vitalidad.

El estímulo, un roce, activa receptores del tacto, la sensación viaja por las raíces nerviosas (vía aferente), hacia el cerebro que la interpreta y emite una respuesta que viaja (vía eferente) hacia los efectores produciendo cosquillas (tacto), temblor (propioceptivo).

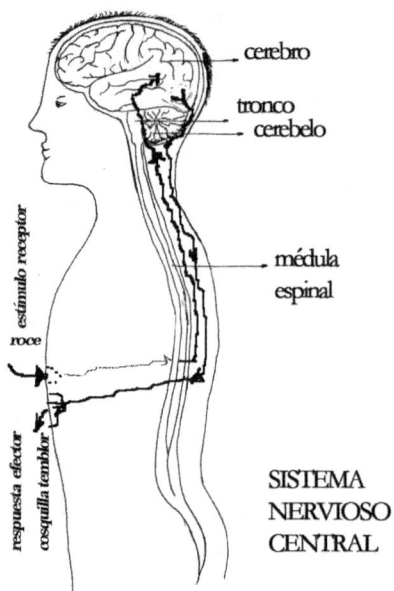

La percepción puede resultar de cosquilleos agradables, o desagradables, según sea la experiencia de la persona que lo siente en ese momento de su vida.

DE LA SENSACIÓN A LA PERCEPCIÓN

Para que las sensaciones se conviertan en una percepción, tienen que tener un sentido para la persona que las vive, tienen que sorprenderla, complacerla, asustarla, tienen que encontrar en su universo físico y psicológico un sentido, una motivación, de lo contrario el cerebro no les presta atención, no las selecciona como interesantes o útiles.

Al mirar un atardecer intervienen los receptores visuales, las imágenes que llegan a la retina y de allí al cerebro, generan el deseo de ver más, por lo que muevo los ojos y con ello la cabeza, para abarcar más paisaje.

A su vez me he emocionado, se me han puesto los pelos de punta, siento la piel, me toco, abro los brazos, grito: ¡qué belleza!, me giro, abrazo a mi pareja, ¡qué felicidad! ¡Maravilloso!. En un momento tantos órganos de los sentidos actuando a la vez, vista, tacto, movimiento, oído. Una gran variedad de receptores, efectores y sensaciones generando percepciones que provocan emociones.

La percepción es una experiencia múltiple y maravillosa, una amalgama de sensaciones unidas por una motivación.

GENERALIDADES SOBRE MASAJE Y PERCEPCIÓN

Existen infinidad de formas y técnicas de masaje, cada cultura tiene su masaje y cada masajista tiene su modo de darlo. Los objetivos de cada tipo de masaje también marcan diferencias.

Hay culturas, filosofías y religiones en donde no es permitido o está mal visto tocar el cuerpo y menos aún disfrutar en ese tocar. En otras sociedades, el tocar es parte de su cultura y filosofía, como una práctica habitual, para curar, mantener la salud, dar placer o como un ritual de comunicación

Las culturas que tienen prejuicios sobre sentir el cuerpo, tienden a realizar el masaje en una parte determinada del mismo, en general con el objetivo de mitigar un dolor. Desconocen o descuidan los efectos curativos a nivel fisiológico y psicológico del cuerpo sentido y percibido en su totalidad.

En los países nórdicos abundan estos maravillosos sitios para disfrutar del cuerpo con los contrastes, un masaje con nieve en el cuerpo desnudo y luego sumergirse en el calor de

un hidromasaje o sauna, sintiendo el cuerpo llenarse de energía.

Este tipo de masajes, tienen en cuenta la importancia de sentir todo el cuerpo.

Existen sociedades y culturas que poseen la tradición del masaje y valoran el placer de sentir el cuerpo, como el masaje tailandés, japonés o chino, los masajes dados con chorros de agua, cascadas en la naturaleza, en los baños termales, con nieve y agua caliente en los países nórdicos.

Un masaje debe tener en cuenta sus efectos fisiológicos y psicológicos. Si se realiza un masaje sin tener en cuenta la organización perceptual, por ejemplo, todo el tiempo masajeando una zona de la espalda, o si se realizan fricciones, golpeteos, roces, todo continuo y con prisa, como quien hace una tarea mecánica, logrará que la persona se irrite, se aburra, se sienta desorientada y contrariada, que entorpezca la idea que tiene de su cuerpo, ofreciendo información desagradable o irrelevante.

Un masaje organizado es aquel que no sobresalta ni abandona una parte del cuerpo para dedicarse a otra en exclusividad, es el que integra el cuerpo y le ofrece placer y bienestar. Los masajes terapéutico, deportivo, relajante, etc. tienen que ser completados y acompañados por el masaje perceptual.

Todos los seres necesitan sentirse bien, íntegros y bellos. Los criterios de belleza impuestos por las modas o la discriminación, no indican la verdadera belleza.

Cuando disfrutamos de nuestro cuerpo y el sentir nos hace tener conciencia de él, es en ese momento donde se hace efectiva la belleza.

Todo cuerpo es bello cuando utiliza la capacidad de percibirse, con ella se descubren todos los tesoros que poseemos en nuestro cuerpo y en nuestra sensibilidad.

Baños termales en Italia, las personas disfrutan del masaje que les ofrecen las caídas de agua sobre sus cuerpos.

Muchas culturas han utilizado el masaje manual o con los pies y los masajes de chorros o cascadas de agua, como una medicina preventiva, ya que el bienestar que logran estimula la producción de hormonas mediadoras del buen humor y la salud.

El tacto agradable, sea efectuado por una persona o un elemento, al hacer sentir cada parte del cuerpo hasta completarlo, activa la producción de serotonina. La serotonina es una sustancia, una hormona, que es producida por el cerebro, el sistema digestivo y las plaquetas de la sangre. Es un neuromodulador, se encarga de equilibrar el estado de ánimo, activa la atención, las percepciones y el sueño, entre otras funciones y conductas importantes. A su vez un estado de ánimo equilibrado mejora el humor, estimulando la producción de endorfinas, esta sustancia es un neurotransmisor opioide endógeno, que produce y regula nuestro cerebro, su función es tranquilizar, sensibilizar y llevar a la persona a estados placenteros.

Otras hormonas que produce el cerebro son, la oxitocina llamada la hormona del amor, la dopamina que interviene en la atención, motivación, sueño, aprendizaje, etc.

La acción del masaje produce hormonas y éstas enriquecen al mismo masaje y a la persona que lo recibe. Es maravilloso lo que puede lograr un simple masaje bien realizado y organizado.

Un masaje beneficioso a la salud física y psíquica, debe integrar la percepción del cuerpo, haciendo sentir el cuerpo íntegro, desde la cabeza con sus orejas, cejas, etc., cuello, pecho abdomen, espalda, glúteos, miembros superiores e inferiores, todo, descubriendo sus detalles, explorando su sensibilidad.

La cultura de la sociedad tailandesa incorpora la costumbre del masaje en la vida cotidiana. Se pueden encontrar sitios en la ciudad, barrios o en la playa, muy bien preparados y con masajistas cualificados, donde se puede recibir un masaje. Estos masajes combinan suavidad, presiones y estiramientos en todo el cuerpo, desde las orejas hasta los dedos de los pies.

Un cuerpo sentido en su totalidad, con diferentes experiencias que estén ligadas a una actividad placentera y vital como el nadar, caminar, correr, trepar, escalar, danzar, el deporte en su aspecto lúdico, actividades psicomotrices en las que incluyo el masaje perceptual, favorecen el desarrollo de una persona creativa, activa, positiva, con una buena imagen corporal y una rica capacidad de percibirse a sí misma y al entorno en el que vive.

La información sensorial debe desarrollarse de forma organizada, garantizando la percepción de cada parte del cuerpo integrada al todo, independientemente que se utilicen técnicas simples o complejas, que el tiempo usado en el masaje sea breve o extenso, siempre habrá que abarcar la totalidad del cuerpo, aunque sea por un breve momento. Por ejemplo, si doy un masaje de cara, al comenzar puedo rozar suavemente todo el cuerpo, como si lo dibujara, luego me detengo en la cara y doy un masaje facial o un kobido (masaje japonés del rostro) y al terminar realizo otro roce o presiones pausadas por todo el cuerpo.

Sentir que la parte pertenece a todo un cuerpo nos crea en nuestra conciencia la percepción de un cuerpo bello, seguridad y fortaleza. Bello es aquello que nos emociona que nos hace sentir bien.

Todo cuerpo es bello cuando es sentido con placer y bonanza. La percepción de un cuerpo entero, querido, sentido, bello, es lo que garantiza sentirse completo, completa, condición indispensable para desarrollar una personalidad segura y equilibrada, ya que la imagen propia, condicionará la autoestima y nuestro actuar en la vida.

PIEL

La piel es el órgano más grande del cuerpo, junto con sus derivados (cabello, uñas, glándulas sebáceas y sudoríparas), conforman el sistema tegumentario.

La piel es mucho más que un simple envoltorio, es el límite y la intermediaria entre el mundo interior y exterior, es el elemento que nos contiene y nos protege, es el vínculo de la comunicación primaria, el contacto en el nacimiento.

El contacto primario será el más deseado durante la vida, siempre procuraremos una caricia, un abrazo, un beso, un contacto con otros seres. Su papel en la supervivencia es fundamental, sin ella sería imposible la vida de la especie humana.

La piel del ser humano adulto, es el órgano vivo más pesado (de 3 a 4 kg) y el más amplio del cuerpo (de 1,5 m^2 a 2 m^2). Su espesor, es en término medio de 1 a 2 mm, más delgada en los párpados, órganos genitales y regiones ventrales, más gruesa en las regiones plantares y dorsales. Su temperatura es variable según las zonas, entre 32º y 36º, siendo los dedos de los pies las regiones más frías.
Su carga eléctrica en la superficie es negativa.

La piel puede revelar disfunciones o enfermedades que padecen otros órganos de nuestro cuerpo.

La piel está formada por tres capas superpuestas, separadas entre sí:

Epidermis: es el estrato superior de la piel, su grosor medio es de 1 mm, es un tejido que posee 80 a 90% de queratinocitos, los que contienen una proteína muy dura, la queratina, que estimula el crecimiento de las células epiteliales, formando en la superficie de la piel una barrera de protección contra microorganismos y patógenos.

La epidermis también contiene melanocitos, (células que proporcionan protección natural contra los rayos del sol y son responsables de la pigmentación de la piel) y células de Langerhans, que forman parte del sistema inmunológico. La epidermis crece constantemente manteniendo siempre el mismo espesor debido a que las células nuevas reemplazan a las viejas, las que terminan por descamarse.

La epidermis está organizada en cuatro capas de células: la capa basal (la más profunda), la capa mucosa, la capa granular y la capa córnea (la capa superior). El estrato córneo y granuloso falta en los labios bucales y genitales.

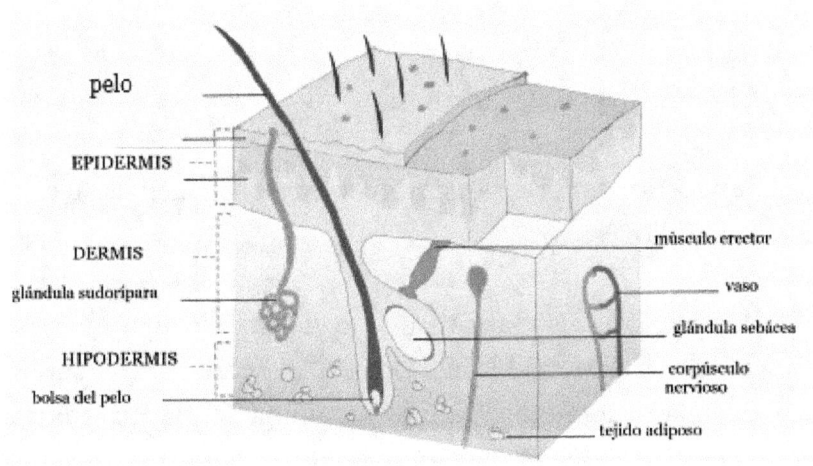

Dermis: está debajo de la epidermis, firmemente conectada a ella, reposa sobre el tejido subcutáneo.

Es un tejido de espesor variable, que contiene vasos sanguíneos, vasos linfáticos, muchas células inmunológicas, glándulas sudoríparas, folículos sebáceos, músculos erectores del pelo, receptores sensoriales de presión, temperatura, dolor, suavidad. Los principales componentes de la dermis son las fibras de colágeno y elastina, asegurando que la piel sea fuerte, flexible y elástica.

Tiene función protectora contra los traumatismos, nutre a la epidermis, es sensitiva, termorreguladora ante el frío y calor, sirve de sostén a la epidermis.

Hipodermis: también llamado tejido subcutáneo, se encuentra debajo de la dermis, compuesta de fibroblastos, células adiposas y macrófagos, es principalmente un depósito de grasa, una reserva de energía para el cuerpo.

La piel tiene diversas funciones:

Sensorial: por su riqueza en receptores táctiles, térmicos y del dolor.

Protección: aísla al organismo del medio externo gracias a su resistencia, elasticidad y sus secreciones (sudor, sebo, células queratinizadas y provitamina D). La resistencia mecánica depende sobre todo, del estrato córneo y de la dermis. La protección contra los rayos solares está asegurada por los melanocitos.

Termorreguladora: gracias a la presencia de numerosos receptores nerviosos de presión, temperatura y una densa vascularización, la termólisis tiene lugar a nivel de la piel por convección, radiación y evaporación.

Depuradora: en particular de agua y de urea.

Absorción: de agua y gas, con la excepción del dióxido de carbono.

Metabólica: participa en la síntesis de ciertas vitaminas (A, B, C, D) e interviene en los mecanismos inmunológicos.

SISTEMA DEL TACTO O SISTEMA HÁPTICO

El sistema del tacto es un sistema complejo de captación de información por parte de la piel, también se le denomina sistema háptico, involucra sensaciones táctiles suaves, de presión, temperatura, dolor, de las articulaciones, huesos, tendones y músculos. En conjunto proporcionan información sobre la naturaleza mecánica, forma y ubicación de los objetos con los que se contacta. Actúa en coordinación con el sistema propioceptivo.

RECEPTORES NERVIOSOS DE LA PIEL

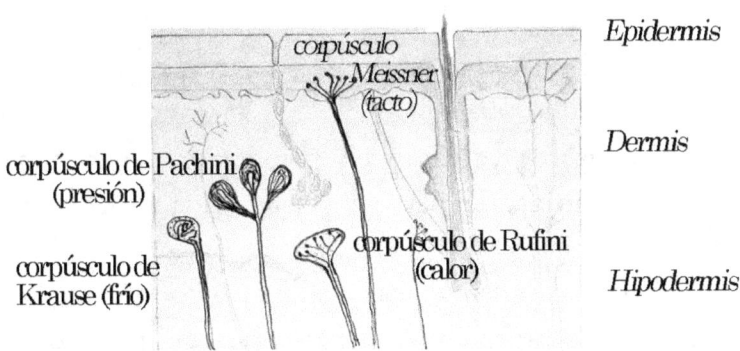

El sistema propioceptivo, está compuesto por un conjunto de receptores que informan sobre la posición de los músculos y articulaciones. Regula la dirección, rango y coordinación del movimiento, la relación con el espacio y el equilibrio, lo que permite tener una percepción global del movimiento corporal y de su relación con los objetos.

Por ejemplo, si tengo en mis manos una tela extensa muy suave y otra muy áspera, siento las diferencias de sus texturas, las deslizo sobre mi cuerpo, y con ello voy recibiendo datos tanto de las telas como del tamaño, forma y volumen de mi cuerpo, también de las características de cada tela. Si me inspiro en la danza y las muevo por el aire mientras recorro el espacio, que reconozco en altura, estiro mis brazos y las lanzo al techo, las recojo del suelo, y así voy explorando el espacio, las telas y mi cuerpo, percibiendo, sintiéndome, conociéndome, construyendo una idea de mi cuerpo y su relación con el mundo exterior. Los sistemas háptico y propioceptivo contribuyen en la formación del esquema corporal (imagen del propio cuerpo), aportando la percepción del cuerpo, sus movimientos y su vitalidad.

¿QUÉ ES LA PERCEPCIÓN?

Una sensación se convierte en percepción, cuando tiene algún significado para la persona y está ligada a sus vivencias y experiencias.

La capacidad sensitiva está definida o condicionada por los umbrales de percepción, ¿a partir de qué intensidad del estímulo comenzamos a percibir algo? Estamos rodeadas, rodeados de estímulos, no los percibimos a todos.

Podemos distinguir dos umbrales de estímulos, el umbral absoluto y el relativo.

En el umbral absoluto mínimo, percibimos entre algo y nada (si rozamos levemente la espalda con una pluma, comprobaremos que debemos adecuar el roce para que éste sea percibido). Por debajo de este mínimo está la percepción subliminal, de la que no somos conscientes. En el umbral absoluto máximo, la sensación es tan fuerte que no es experimentada en forma completa (el dolor intenso al quebrarnos un hueso, no le percibimos en su totalidad). El umbral relativo o diferencial es la diferencia mínima que se puede detectar entre dos estímulos (si tocamos sobre la espalda en dos puntos, se percibirá como un solo toque si están muy próximos, distanciando poco a poco los puntos, habrá un momento que se perciban los dos toques).

Estos conceptos son muy importantes cuando damos un masaje.

Mientras más fuerte sea el estímulo inicial, mayor será la intensidad adicional requerida para que el segundo estímulo se perciba como diferente. Esto es de importancia en la práctica del masaje, pues si la intensidad del estímulo inicial es fuerte o de una intensidad sostenida, no será posible generar percepciones variadas que se puedan contrastar y que resulten interesantes para aportar información de las distintas sensaciones que posee nuestro cuerpo.

Si comenzamos un masaje con una fricción intensa de la piel, e intercalamos un toque suave inmediatamente, el cerebro no le dará importancia a éste último, habrá que esperar unos segundos para realizar la estimulación suave, el cerebro necesita desvincularse de la estimulación intensa para poder prestar atención a la suave.

Lo mismo ocurrirá si realizamos un roce suave y a continuación otro también suave que difiera muy poco del anterior, el cerebro no les dará importancia y los percibirá de la misma calidad. Si esto ocurre en un masaje durante quince minutos, puede resultar muy aburrido e incluso producir una reacción de nerviosismo por sobre estimulación sostenida de los mismos receptores cutáneos.

En la percepción también influyen factores internos, como la motivación, la necesidad, la experiencia, momento, intencionalidad y la interpretación de la acción.

Nos pueden tocar con agresividad o con cariño, nuestra percepción y nuestra reacción serán muy diferentes en cada caso.

¿CÓMO SE ORGANIZA LA PERCEPCIÓN?

La percepción se organiza en tres fases: selección, organización e interpretación.

Selección:

No todo lo que se siente es percibido, la persona realiza una selección de los estímulos propuestos. Participará directamente efectuando una percepción selectiva, según sean sus sentimientos e intereses,

Las personas tienden solo a percibir lo agradable o lo que necesitan. Centran su atención en lo que responde a sus expectativas. Niegan lo que no les conviene o les produce daño y evitan lo que les genera malestar, llegando a distorsionar la información. Una persona mira desde su terraza un paisaje, selecciona los tejados, el bosque allá lejos, no percibe y posiblemente no lo quiera hacer, los canales pestilentes de desagüe que transcurren por una zona de la ciudad.

Organización:

En el proceso de organizar los estímulos, la percepción se maneja en forma elemental, con la figura y el fondo, con lo importante y lo secundario. Según intereses, expectativas y necesidades, aparecerán unos u otros como importantes, hasta ir armando una percepción medianamente estable.

Una característica de la percepción, es que está permanentemente reestructurándose, enriqueciéndose y siempre en busca de una configuración completada. La persona mira por segunda vez el mismo paisaje desde la terraza, esta vez se detiene en algo que le llama, la atención, "muchos tejados, gatos y lejos un bosque". Las próximas veces que mire el mismo paisaje, le llamarán la atención nuevos detalles, "tejados, cúpulas de iglesias, plazas, el bosque tiene diferentes arboles..." y volverá a pasar por los tres pasos, selección, organización, interpretación. Nuestra percepción del paisaje se ha reestructurado, ha cambiado.

Interpretación:

La interpretación es la última fase del proceso perceptivo, consiste en dar contenido y significado a los estímulos previamente seleccionados y organizados. Cómo se interprete lo que se percibe, depende de la experiencia previa de la persona, sus motivaciones, intereses, su interrelación con otras personas y su medio. Influyen en la interpretación, la amplitud de criterios, la curiosidad, el deseo de cambiar o de permanecer en lo conocido y los estereotipos. La persona puede ver el paisaje del ejemplo, como un mero cuadro, o interesarse por cómo se mueven los habitantes por sus calles, planear visitar el bosque en compañía, imaginar los caminos que podría encontrar y lo feliz que sería en ese paseo, etc.

Estas fases de la percepción se dan en todo masaje. En el masaje el cuerpo es un paisaje sensorial, hay que investigarlo y descubrirlo, cada estímulo debe hacer despertar todo lo que nos ofrece nuestra percepción.

Un masaje debe estar bien estructurado, respetar el tiempo, no apresurarse, para favorecer la selección y diferenciación de las percepciones.

Es necesario cuidar la intensidad de cada toque, roce, presión y demás estímulos. La experiencia ofrecida de esta forma, será recibida y organizada con deseo, con la motivación de disfrutar y sentir.

De este modo se dota al masaje de un contenido psicológico y pedagógico muy útil, ampliando y enriqueciendo el mundo perceptual de la persona.

¿QUÉ ES EL SENTIR?

El sentir es lo que nos acompaña permanentemente en forma más o menos intensa en todo momento de nuestras vidas.

Un día la persona vuelve a mirar el paisaje desde su terraza, y descubre una casita muy parecida a la de su abuela. Al momento se emociona, al recordar las manos de la anciana acariciando sus cabellos, vuelve a revivir ese cariño y todo su cuerpo se relaja sintiendo, añorando. Recuerda la voz de la abuela cuando le leía cuentos, las entonaciones de su voz representando los personajes, se recuerda a sí misma abriendo grandes los ojos y refregándose las manos por la emoción. ¡Cuántas experiencias, sentimientos y percepciones han ido gestando este sentir! A la persona le invade la inspiración y escribe una poesía, a la que luego agrega música y canta emotivamente.

En el sentir conviven sensaciones, percepciones, sentimientos, emociones, recuerdos, pensamientos.

El lenguaje hablado y escrito, el lenguaje de los gestos, de la expresión de nuestros cuerpos, se refieren a ideas, significados y emociones que están en la persona.

El principal alimento del sentir son las percepciones, la infinidad de imágenes que ellas aportan son indispensables para generar desde el sentir más elemental, hasta el más complejo acto creativo.

NUESTRO ORGANISMO Y LAS PERCEPCIONES

Cuando tenemos en brazos un bebé o una beba, le miramos, tocamos, hablamos, disfrutamos de su olorcito, nos enternecemos, le besamos en la cabecita, en los piecitos y así podemos pasar largo rato entre ternura, demostración de cariño, juego y mucho tocar y hablar.

El bebé en general se deja hacer, pues esto le gusta, le nutre de imágenes sensoriales y le provoca a la aventura de la comunicación. Este intercambio induce la producción de sustancias que favorecen su desarrollo, entre otras, la hormona del crecimiento.

En la persona que interacciona con él también se generan hormonas, como la oxitocina encargada de provocar ternura y sentimientos de protección.

En el organismo de las personas que intervienen en situaciones de generosidad y comunicación participativa, se producen sustancias que provocan estados de placer, felicidad, ternura, alegría, que a su vez son mediadoras de los procesos de la inteligencia y del afecto.

Estas experiencias, además de las reacciones a nivel fisiológico, generan una compleja confluencia de estímulos que producen sensaciones, que a su vez producen percepciones, imágenes, que a su vez se nutren y combinan con imágenes guardadas en la memoria. Y así, se van encadenando y generando nuevas acciones y sentimientos.

Las circunstancias en que transcurre la vida condiciona la percepción. Cuando las experiencias que vive una persona son negativas de manera reiterada, la llevan a reprimir sus emociones y a tener una percepción del mundo pobre y dolorosa. La percepción del cuerpo se ve afectada por el sufrimiento.

Todas las personas hemos pasado alguna vez por una experiencia dolorosa, como un desengaño amoroso, la enfermedad o la muerte de una persona querida, y en esas circunstancias es común escuchar la expresión, "siento el cuerpo como si llevase una carga sobre la espalda, cansado, dolorido, agotado". Es en estas situaciones, donde el consuelo y la recuperación pueden llegar de la mano de un masaje, abarcando en lo posible todo el cuerpo, restableciendo la percepción agradable, devolviendo a la persona la sensación de integridad. Aunque el masaje sea muy breve, cinco minutos de percibir el cuerpo con placer, produce el milagro de la recuperación.

Un masaje en la espalda, siempre es bienvenido, aunque si solo ocurre en esa zona, sin tocar aunque sea brevemente el resto del cuerpo, se corre el riesgo de darle más importancia a la zona dolorida y generar de esta forma la sensación de estar mal, focalizando la atención en el dolor. Si integramos todo el cuerpo en el tocar, generamos la percepción de estar íntegros, íntegras y de esta forma la sensación de tener la espalda dolorida y cansada pasa a segundo plano, dando paso a las sensaciones de placer.

La sensación de bienestar en todo el cuerpo, generará sustancias en el cerebro, (endorfinas, melatonina, etc.), que reducirán psicológicamente el dolor, dando fuerzas para enfrentar las dificultades, recuperando el placer que es el mejor antídoto al sufrimiento.

¿QUIÉN SOY?, ¿QUÉ IMAGEN TENGO DE MI?

En un grupo de personas adultas y niños, niñas, se comienza a bailar, la alegría y la libertad de movimiento se permite, se salta, se mueven las caderas, los brazos, todo el cuerpo disfruta de la danza, la alegría invade al grupo sin discriminar a nadie.

En otro grupo de personas adultas y niños, niñas, se comienza a bailar y se establecen normas, las caderas no se mueven, los niños saltan, las niñas no, mejor no reír, hacer caso a lo que los adultos indican.

En ambos grupos se baila, aunque seguro que los participantes del primer grupo tendrán una experiencia de sentir el cuerpo con percepciones más ricas, crearán una imagen de sí mismos con más vivencias y detalles, disfrutarán de una imagen corporal libre, sentirán todas las partes de su cuerpo con seguridad y placer, queriéndose, tendrán buena autoestima. En el segundo grupo, el cuerpo al ser reprimido, discriminado por sexos, controlado, tendrá percepciones más pobres, con vivencias de miedo a expresarse, con sensación de no ser aceptado, aceptada, se generará una imagen del cuerpo pobre, temerosa, insegura, con baja autoestima.

La percepción de nuestro cuerpo, la imagen que tenemos de él, "la imagen corporal", está compuesta de todas las sensaciones y percepciones sentidas en multitud de acciones y experiencias a lo largo de la vida de una persona. Todos los sentidos colaboran aportando imágenes, visuales, auditivas, táctiles, gustativas, olfativas y motrices que nos generan percepciones de nuestro cuerpo.

Estas percepciones y experiencias, a su vez generan imágenes, pensamientos, ideas, conceptos sobre nuestra persona, formando una imagen corporal.

Si nos dejan experimentar como en el primer ejemplo, tendremos la idea de ser capaces de decidir libremente y usar el cuerpo y los sentimientos positivamente, esto se reflejará en nuestros emprendimientos en la vida. Si nos reprimen como en el segundo grupo, se nos forjará la idea de dependencia, de no ser capaces de usar y sentir el cuerpo con autodeterminación y libertad, de no merecernos esa experiencia, y los emprendimientos estarán teñidos de miedo y desconfianza.

Si las personas de ambos grupos participan de nuevas experiencias enriquecedoras, los del primer grupo seguirán aumentando sus percepciones positivas y los del segundo grupo compensarán las percepciones deficientes enriqueciéndolas con las nuevas. Ambos producirán cambios favorables en su imagen corporal.

La Imagen corporal, está en permanente cambio, se reestructura y completa con los aportes de las nuevas experiencias en el transcurso de la vida.

Si las experiencias vividas desde nuestra concepción son nutrientes en calidad psicomotriz, cognitiva y afectiva, si hay más placer que displacer en la relación con nuestro cuerpo, con el cuerpo de quien nos cuida y de quien nos ama, tenemos más probabilidades de ser felices y crecer en armonía.

Si no se tiene esta suerte, se pueden aportar experiencias y vivencias beneficiosas que nutran y compensen. Aquí cumple un papel importante el masaje perceptual, pues nos dará información de nuestras sensaciones en el aquí y ahora en que nos toque disfrutarlo.

Armonizarse en el placer y el conocimiento, activará la capacidad de resiliencia (poder superar situaciones traumáticas), alertará sobre las posibilidades que ofrece el presente y de esta forma, poco a poco, el recuerdo de las experiencias negativas ocuparán un lugar muy secundario en la vida.

El masaje perceptual es un buen ingrediente para enriquecer y organizar nuestra imagen corporal, nos da información sobre nuestro cuerpo, de forma agradable, organizada, en detalle y en conjunto, con una buena comunicación, generosa y de confianza. Colabora a adquirir una conciencia corporal segura y ganar autoestima.

Con esta imagen que tenemos de nosotros, de nosotras, que desde lo básico se va enriqueciendo y complejizando continuamente, vamos a accionar, pensar y sentir en el transcurso de la vida.

¿SABES POR QUÉ AL SISTEMA NERVIOSO LE HACE BIEN EL MASAJE?

Nuestro cerebro es un organizador y procesador de la información que le llega del complejo funcionamiento de nuestro cuerpo y de su relación con el mundo externo. Recibe la información y la acomoda a la experiencia previa de la persona, la integra, la procesa para que pueda usarse en las futuras acciones que ésta realice.

A nuestro cerebro le gusta la armonía, cuando recibe información dispar tiende a organizarla en forma simétrica, quizás siguiendo el modelo del cuerpo, que en general está dispuesto en forma par y simétrica respecto a un eje. El cuerpo humano tiene dos brazos, dos piernas, dos ojos, dos orejas, dos huesos coxales etc., dispuestos a ambos lados de un eje central. Tenemos una columna vertebral, que marca el eje central de la zona posterior del cuerpo y a ambos lados, unidas a sus vértebras, igual cantidad de costillas que convergen en un eje central, el esternón. Encontramos muchos elementos pares a ambos lados de un eje central en nuestro cuerpo. Los elementos únicos se sitúan también en el eje central, como la nariz, la boca, el ombligo. En la organización interna, la mayoría de los órganos son pares, riñones, pulmones, etc., aunque también los encontramos únicos y con ubicaciones no simétricas. En los movimientos voluntarios, prima la organización simétrica.

Cuando tocamos, damos un masaje, nos movemos, danzamos, lo hacemos desarmando la simetría, e inmediatamente el instinto nos lleva a encontrarla otra vez. El encuentro de la simetría nos proporciona seguridad, la sensación de que estamos enteros, enteras, en orden, en equilibrio.

Al dar un masaje es importante tener en cuenta este aspecto, ya demos un masaje de dos minutos o de una hora, lo importante es dar la información de la organización estructural simétrica del cuerpo.

Aunque tengamos que entretenernos en aliviar un malestar, una contracción muscular o drenar en una zona determinada, cada tanto es conveniente hacer un toque, un pase simétrico, como dibujando todo el cuerpo, el cerebro lo solicita para armonizar perceptual y anímicamente el cuerpo sentido.

A nuestro cerebro también le gusta organizar las partes en un todo, desarmar el todo para distinguir más partes y armar nuevamente el todo. Detenerse a tocar, presionar, acariciar, un pie, luego el otro y luego acariciar todo el cuerpo, incluidos ambos pies. Este ir y venir del todo a las partes y de las partes al todo, amplía el campo de la percepción, nos da más datos de nuestro cuerpo, de los otros cuerpos, de los objetos y elementos que nos rodean.

Es importante tener en cuenta al dar un masaje, la integración de la parte a un todo. Una parte del cuerpo está incluida en un cuerpo entero. Si damos un masaje en el cuello, es muy importante intercalar una acción que abarque todo el cuerpo o que señale a éste, como hacer un pase, toque, roce, lo que veamos oportuno, para marcar, dibujar, hacer sentir que esa parte pertenece a un todo, es sólo un instante y nos garantiza una armonía perceptual que influirá positivamente en la personalidad de ambas personas, del que da y del que recibe, pues también es importante que podamos sentir a quien entregamos nuestro masaje como un todo.

A los niñes les gusta que les cuenten muchas veces el mismo cuento, es muy agradable comprobar que se repite lo ya conocido, así repitiendo aprendemos. A los adultos también nos gusta escuchar muchas veces la misma canción o adivinar lo que pasará en una novela. Nos gusta y tranquiliza lo previsible.

Cuando ocurre algo imprevisible o nos sorprende algo desconocido, nos pone en alerta, hay que averiguar qué es, cómo lo afrontamos, cómo lo incorporamos o lo rechazamos, es la aventura de lo desconocido, es otra forma de aprender. Lo imprevisible nos activa.

A nuestro cerebro le gusta la acción. Se activa ante acciones imprevisibles y se complace ante acciones previsibles. Ambas son importantes.

En el masaje, al actuar sobre la otra persona provocando movimientos pasivos y activos, se pueden trabajar estos dos aspectos, repitiendo varias veces la misma acción, que la persona la disfrute, la conozca profundamente, para cambiar luego a algo nuevo, jugando con diferentes calidades, ritmos y modalidades. Estas experiencias, recibidas en forma placentera, son asimiladas por nuestra conciencia enriqueciendo nuestros modelos de sentir y actuar, aportando más agilidad a nuestros pensamientos y acciones.

Cuanta más armónica, equilibrada y organizada sea la idea que tenemos de nuestro cuerpo y sus posibilidades, mejor actuaremos.

EL MASAJE COMO COMUNICACIÓN BENEFICIOSA Y PARTICIPATIVA

Una madre amamanta a su bebé, le ama tanto que le mira con ternura, le abraza, le acaricia suavemente. El bebé está tranquilo, sonríe, mama tranquilo y confiado. Existe una comunicación donde madre y niño participan del amor y del contacto beneficioso.

Si las circunstancias en que transcurre la vida nos ofrecen ricas y variadas experiencias, con un contacto agradable y afectuoso de las personas que nos rodean y cuidan, facilitarán el poder expresarse y estimularán el deseo de abrirse a experiencias nuevas, a desarrollar relaciones y apegos duraderos y profundos.

Así comienza la mágica aventura de la comunicación, donde estímulos, respuestas, sensaciones, nos conducen a sentir, producen emociones, pensamientos, movimientos acciones, palabras, expresiones. Un suspiro, una mirada, una caricia, una sonrisa, una palabra, producen nuevas percepciones que nos llevan a un sinfín de formas de comunicación. La comunicación se convierte en un generador y enriquecedor de experiencias perceptuales.

Cuando acaricio o me mantengo en contacto con otro ser, sintiendo, protagonizo y vivo una comunicación participativa. Cuando toco mi cuerpo, ya sea por el solo placer de sentir, o en infinidad de acciones cotidianas, como asearse, vestirse o cuando siento mi cuerpo en contacto con las sábanas, el agua o la hierba, me estoy comunicando con mi persona.

Si en la niñez jugamos lanzándonos almohadas, o rodando por la nieve, estamos usando los objetos como intermediarios de la acción y contacto con las otras personas, nos estamos comunicando a través de los objetos para sentir y hacer sentir el cuerpo. La inventiva en el juego, el estar atentos a las reacciones propias y de las otras personas, nos propone un diálogo rico en comunicación.

Comunicarse es estar atento, atenta, a la acción, a la intención y a las respuestas que se producen en la relación con la propia persona o con otro ser vivo.

El tocar forma parte de la comunicación, es un lenguaje que está cargado de sentido y de intencionalidad, donde el cuerpo es el receptor y el emisor, porque al tocar sentimos en nuestro cuerpo y hacemos sentir a la otra persona.

El aprendizaje y práctica del masaje perceptual es una fuente de experiencias organizadas y de calidad, que enriquecen el sentir, amplían el conocimiento del cuerpo, su aceptación y valoración, generando autoestima.

Las experiencias y percepciones placenteras y beneficiosas, sirven de base a nuestra valoración, nos enseñan a elegir y a proporcionarnos situaciones y estados similares a los vividos con agrado.

Rodamos por la hierba, niños, niñas, adultos, adultas, jugando, chocamos, nos empujamos de forma que nos agrada. Aunque no le pongamos la etiqueta de masaje, lo es, hay estímulo de piel, de músculos y de huesos que se sienten al caer, la hierba nos roza y acaricia, a veces nos pincha y otras nos hace cosquillas.

Es necesario haber vivido y percibido experiencias beneficiosas, para poder elegir lo mejor. Siempre es buen momento para enriquecer nuestra vida con un masaje perceptual. Si es realizado en un momento y espacio neutral, lejos de situaciones conflictivas, puede ser un buen ayudante para la adquisición de estímulos y experiencias y resultar muy reparador en aquellas personas cuyas vivencias fueron traumáticas.

Cuando tocamos, presionamos o movemos a una persona, estamos dando información sobre su cuerpo, aportando experiencias nuevas con las que aprenderá sobre sus sensaciones, emociones y percepciones. Estamos enseñando el lenguaje del sentir, con él la persona se comunicará consigo y con el mundo que le rodea.

El lenguaje del masaje debe estar relacionado siempre al estado de bienestar, que conecte con la salud, promoviendo una relación positiva y mayor autoestima. De esta manera, la persona que da el masaje se convierte en una maestra, un maestro que enseña. Y como todo buen proceso de aprendizaje, éste debe ser armónico, rico, respetando el tiempo de asimilación y el interés personal.

Percibir el estado en que se encuentra la persona a la que damos el masaje a través de sus reacciones y gestos, nos informará si se encuentra a gusto, nos ayudará a continuar, detener o cambiar el tipo de estimulación, o a retomar una vez más la que le es muy placentera.

Es muy útil detectar con la simple observación si una persona está tensionada, lo que siempre está relacionado con estar en estado de alerta, sea su origen psíquico (miedos, sometimiento etc.) o físico (sobrecarga en la contracción muscular). Algunos de los indicadores de alerta son, cara y manos crispadas, aumento y rigidez de la curvatura cervical y lumbar, inquietud, tensión al contacto, etc.

A veces la persona que quiere recibir el masaje se encuentra temerosa o con desconfianza ante lo desconocido, en este caso necesitamos comunicarnos con cautela, utilizando la técnica del espejo. Cuando nos miramos a un espejo nos encontramos con nuestra imagen, los mismos gestos, la misma postura, es cómodo hablar con mi otro yo en el espejo, somos alguien conocido con el que tenemos confianza. Es fácil relacionarnos con alguien que se nos parece, con una postura, un tono de voz similar. La técnica del espejo es colocar el cuerpo en una posición parecida a la persona con la que queremos comunicarnos y de esta forma crearemos una relación de cercanía. Creando confianza, empatizando, le reconduciremos a un mejor estar, poco a poco, adecuando el tono de la voz al suyo, le preguntaremos lo que desea con el masaje y le explicaremos los objetivos del masaje perceptual y seguro que estableceremos una relación de confianza.

CAPÍTULO

2

Conceptos básicos
sobre fisiología y psicología
Recursos útiles

UNA MIRADA A LA FISIOLOGÍA

No es mi intención en este libro, enseñar técnicas de masaje, ni mucho menos de masaje terapéutico.

El masaje perceptual al que dedico este trabajo, no necesita de técnicas específicas, cada persona las inventará o se inspirará en diferentes fuentes.

Quiero explicitar conceptos de sentido común, como que a nadie se le ocurriría hacer golpeteos en el globo ocular y no tan de sentido común, como saber que no debemos hacer un masaje de presión en el brazo en dirección a la mano, o sea en dirección distal, porque la mano se hincharía de linfa y sangre, algo que he sufrido más de una vez al recibir un masaje. Sugiero, que sería de importancia y enriquecedor, que los conceptos aquí vertidos se incorporen a la hora de organizar todo masaje.

El masaje perceptual considera el cuerpo como un todo, todas las partes del mismo son importantes. Percibir detenidamente una oreja es tan importante como percibir unas largas piernas. El masaje tiene la posibilidad de hacer sentir el cuerpo en su superficie (todo lo que le recubre, piel y mucosas), su volumen (músculos, vísceras) y su estructura (huesos, articulaciones), integrándolos en una sola percepción compleja, "el cuerpo sentido". Sentir y percibir son procesos psíquicos y fisiológicos que funcionan coordinados como un todo.

El principal objetivo del masaje perceptual es que la persona que lo recibe pueda conocer y sentir más su cuerpo, que lo perciba desde la sensación de bienestar, de una forma organizada, integrada y armónica. Siempre tocaremos todo el cuerpo, breve o detenidamente, con la técnica o la forma que elijamos. Aunque tengamos que actuar sobre una parte del cuerpo con un fin determinado, siempre volveremos a dar información sobre la totalidad del cuerpo, (por ejemplo, al comenzar el masaje realizamos una caricia superficial por todo el cuerpo, luego si necesitamos relajar cabeza y cuello nos dedicamos especialmente a ello y al terminar hacemos unas fricciones con presión por todo el cuerpo).

Percibir el cuerpo como un todo, en una situación y entorno de armonía y paz, influye en la idea y percepción que se tiene del propio cuerpo (imagen corporal), ayuda a lograr confianza, seguridad y autoestima.

El cuerpo tiene piel que nos informa sobre su superficie, músculos y vísceras informan sobre su volumen, huesos y ligamentos sobre su estructura.

Superficie, volumen y estructura son aspectos inseparables del cuerpo.

El masaje incorporará como mínimo, un roce sobre la piel para informar sobre superficie, presiones o golpeteos sobre la masa muscular para informar sobre el volumen y sacudidas o balanceos para informar sobre la estructura.

Si la persona está acostada boca arriba daremos información sobre la totalidad de la parte anterior y lateral del cuerpo. Luego, cuando se coloque boca abajo, sobre la totalidad de la parte posterior y lateral.

Si la persona está de pie o sentada, daremos información sobre la mayor parte del cuerpo que está a nuestro alcance en ese momento y al terminar lo haremos sobre la totalidad

Aunque cada escuela de masaje o cada masajista tenga

su estilo, hay que tener en cuenta premisas básicas a nivel fisiológico:

Es importante que todas aquellas acciones que influyan en la circulación venosa y linfática, como las fricciones, frotaciones, presiones con deslizamiento, deben ir en dirección al corazón, es decir de la periferia al centro, de la mano hacia el hombro y del pie, tobillo, rodilla, muslo, hacia la ingle.

Los amasamientos y presiones son acciones repetidas sobre músculos o tejido conjuntivo (como si amasáramos un pan, juntamos la masa carnosa del músculo y luego la estiramos o la aplastamos y la liberamos, repetidamente), actúan sobre el tono muscular y sobre la circulación venosa-linfática, por lo que deben ser breves, alrededor de tres segundos, seguidos de igual tiempo de descanso para favorecer el retorno de la sangre al lugar que recibió la presión, pudiendo repetirse de esta forma varias veces seguidas.

Las fricciones sobre la piel (se resbala sobre la piel en un sentido y otro en forma repetida), si son superficiales y rápidas producen calor y estimulan la circulación capilar, deben ser breves, intercalando presiones o un roce suave para no descompensar la sensación térmica. Si se realizan con cierta presión se convierten en frotaciones, que actúan a nivel más profundo llegando hasta los músculos, también deben ser breves seguidas de descansos.

Las trepidaciones son oscilaciones fuertes y las vibraciones oscilaciones suaves, las logramos con movimientos de balanceo o sacudidas rítmicas de una zona del cuerpo, brazos, piernas, caderas o tórax, deben durar de cuatro a diez segundos, influyen en la musculatura profunda, en las articulaciones y huesos.

Si un lugar del cuerpo presenta dolor, actuaremos alrededor de éste, nunca sobre la zona afectada.

Si la persona presenta alguna herida o irritación en la piel, evitaremos tocar la zona, en estos casos es conveniente dar el masaje con guantes de látex sanitario, previniendo posibles infecciones, por alguna bacteria que podríamos tener en manos o uñas y evitamos contagiarnos, si se tratase de alguna dolencia que pueda transmitirse por contacto. Cuidamos y nos cuidamos.

Cuando la persona está enferma o con fiebre, es necesario dejar que el cuerpo descanse y no estimularlo, está contraindicado hacer un masaje donde participen técnicas como las señaladas anteriormente. En estas circunstancias es posible dar bienestar y seguridad con un breve masaje, suave, casi imperceptible sobre la piel (tacto superficial), abarcando todo su cuerpo o sin tocar, haciéndole sentir la percepción del calor, el movimiento de la mano, la intención generosa de la persona que da el masaje.

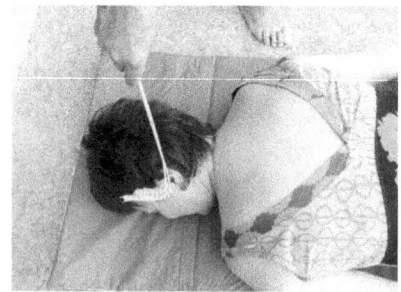 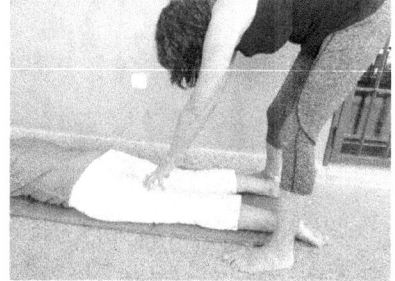

Roces suaves sobre la piel: percepción de superficie.

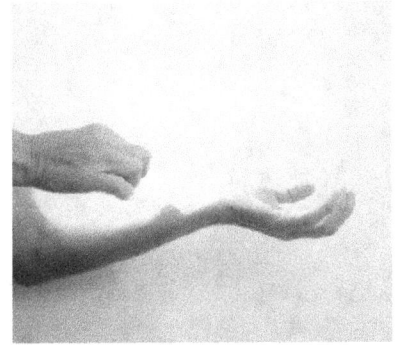 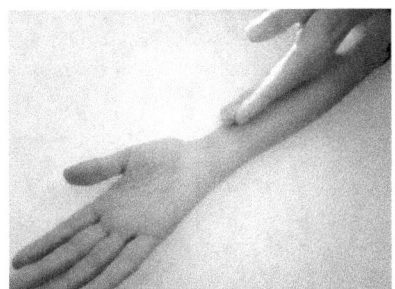

Roces suaves sobre la piel: percepciòn de superficie

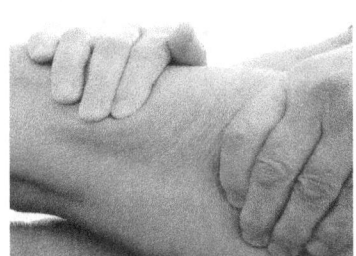 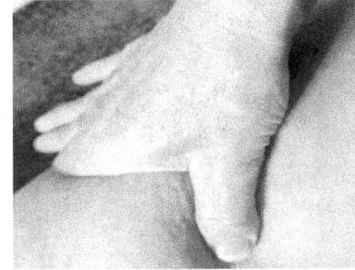

Amasar el músculo, comprimir y liberar: percepción de volumen.

Brazos perpendicular al lugar de apoyo, presión

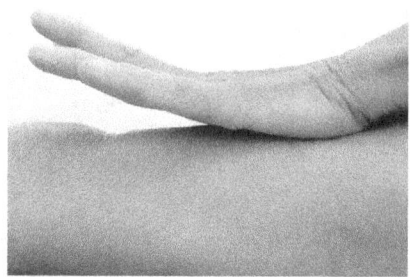

Presiones lentas sobre la musculatura: percepción de volumen

 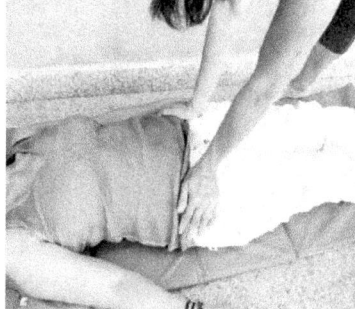

Sacudidas de piernas y caderas: percepción de estructura.

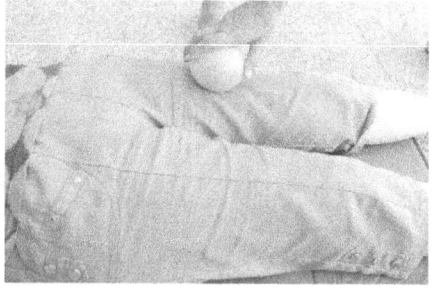

Presiones, golpeteos, percepción de volumen y estructura
Rodar de la pelota, percepción de superficie.

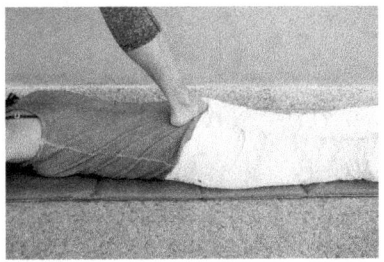 

Presión sobre el hueso sacro, sacudida de brazo: percepción de estructura.

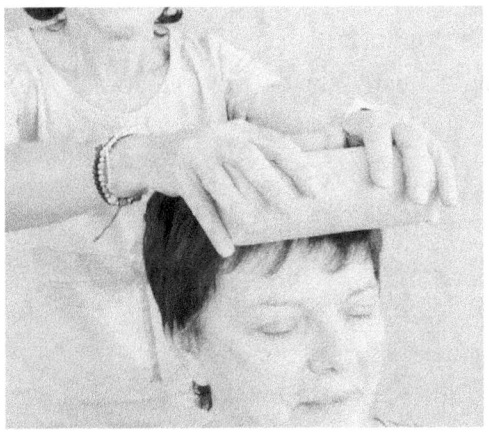

Presión con rodillo semi blando (volumen, estructura).

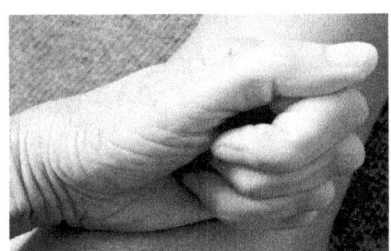 

Golpeteos, si son suaves y seguidos producen vibración, actúan sobre músculos y huesos: percepción de volumen y estructura Si son intensos producen trepidación y actúan sobre los huesos: percepción de estructura

LUGAR, ELEMENTOS, FORMAS, Y TÉCNICAS

El masaje lo daremos con una buena comunicación, en el que sea muy importante la serenidad y la generosidad de ambas partes, de quien pone su cuerpo en las manos de una persona para recibir bienestar y de quien ofrece sus conocimientos y trabajo para este fin.

Haremos que el sitio donde realicemos el masaje sea agradable, tranquilo, en lo posible exclusivo, sin interrupciones que distraigan tanto a la persona que lo da, como a la que lo recibe. Si esto no es posible, crearemos un espacio sensorial, con el tipo de masaje, con el tono de voz y música apropiada.

Podemos dar el masaje con las manos, antebrazo, pie, usar un objeto intermediario como pelota, cilindro, escobilla, tela, todo elemento que resulte adecuado al fin y no revista peligro para la persona.

Hay diferentes posturas para realizar el masaje, con la persona colocada en posición horizontal, sentada, de pie. En la camilla, el suelo, una cama, en una silla. La persona puede encontrarse vestida, con mínima ropa o desnuda. Podemos ayudarnos con cremas, aceites simples o con aromas, talco, agua o sólo con nuestro tacto. Hay muchas formas de dar un masaje, lo importante es que la persona que lo da y la que lo recibe se sienta cómoda.

Es importante que la persona que recibe el masaje se sienta cuidada y en confianza. Podemos explicar de forma sencilla y breve el objetivo del masaje antes de realizarlo, advertir que si algo molesta o no gusta es importante que nos lo comunique, así podremos cambiar nuestro accionar, proporcionando placer y bienestar, que es la mejor forma de generar salud y asimilar los aprendizajes.

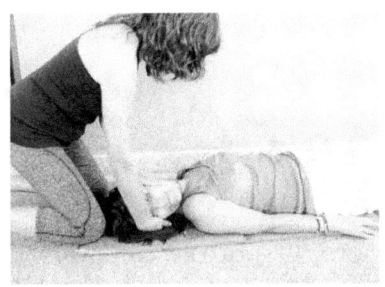
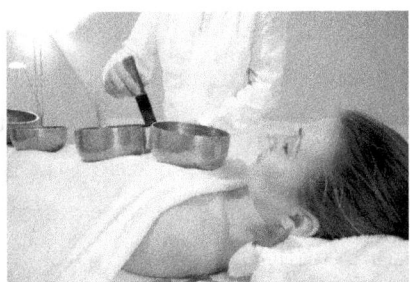
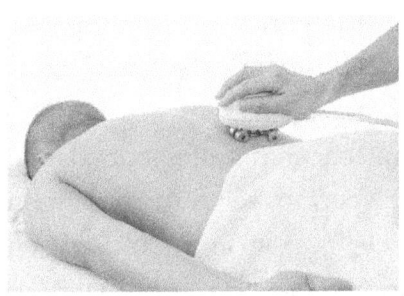
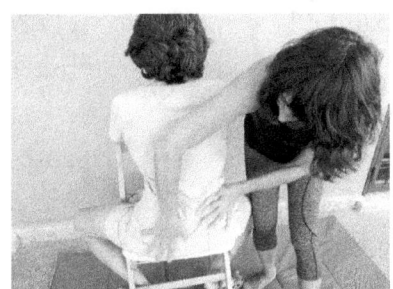

ELEMENTOS, FORMAS Y TÉCNICAS EN EL MASAJE PERCEPTUAL

Aprender a sentir y hacer sentir, es enriquecedor, su complejidad se vuelve sencilla si conocemos y entendemos sus procesos y formas.

Las manos son una fuente de riqueza a la hora de dar un masaje. Dotadas de una gran sensibilidad, debido a que en los pulpejos de los dedos y en la palma se encuentran gran cantidad de receptores del tacto, (los que abundan en la piel sin pelos), que nos informan sobre la forma, textura, temperatura de los objetos que tocamos. Podemos utilizar la palma, la zona lateral y el dorso de la mano.

El uso de los antebrazos es útil cuando hay que hacer presiones.

Los pies son excelentes para hacer masajes con balanceos, sacudidas y presiones, ideal para hacer sentir volumen y estructura. Es necesario conocer la anatomía humana, en especial a nivel práctico, para no provocar daño ni malestar, tener dominio del equilibrio y saber dosificar las presiones.

Si todavía no tenemos seguridad en el uso de nuestras manos para dar el masaje, o la persona es reacia a ser tocada, podemos recurrir al objeto intermediario. Las pelotas de goma o plástico en diferentes tamaños, mullidas o hinchadas con aire y los rodillos de goma, son apropiadas para trabajar los músculos, estimulando la sensación de volumen y estructura. Plumas, telas, cepillos y peines de puntas gruesas y redondeadas, son ideales para estimular el tacto profundo y superficial.

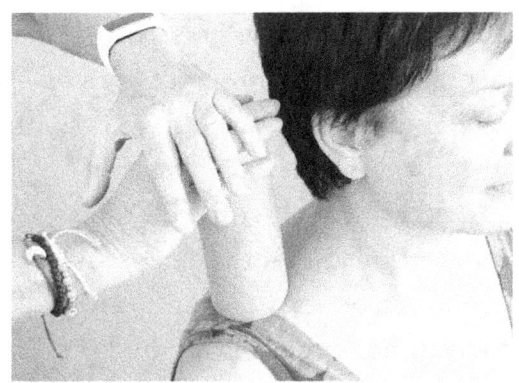

Presión con rodillo (trozo de un flotador de piscina)

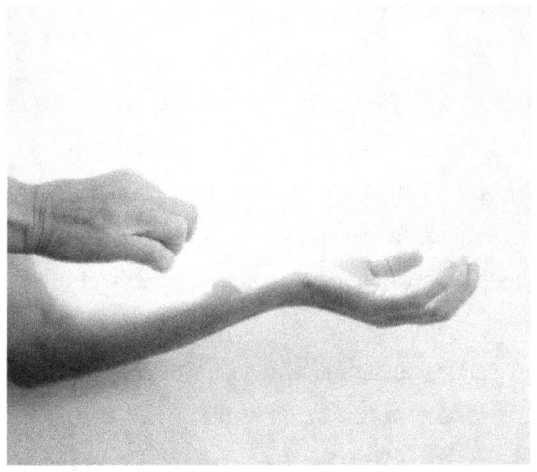

Roce con pluma

La estimulación ya sea del tacto fino o superficial, de la musculatura o de la estructura, debe realizarse en forma ordenada, sin mezclarlas, para no acumular ni confundir las sensaciones. El masaje perceptual nos da la oportunidad de identificar y discriminar las sensaciones corporales, el cerebro tendrá más información de calidad, de percepciones y vivencias y la persona podrá utilizarlas para enriquecer una danza, una relación amorosa, una creación artística y la vida cotidiana, con todos sus momentos para disfrutar.

Durante el masaje, en las esperas o cambios de elementos, se debe mantener el contacto físico o cercano con la persona, de esta forma se sentirá cuidada y acompañada.

Es importante realizar el masaje centrando la atención en la persona que lo recibe, con el objetivo de que sienta y disfrute. Esta concentración de la atención también es beneficiosa para quien da el masaje, al sentir el calor y la textura de la piel, al explorar la superficie, el volumen, la estructura de otro cuerpo, se desarrolla la capacidad perceptiva. Dar un masaje perceptual es una tarea creativa en base a conocimientos, por lo que debo decidir cómo organizarlo, prestando atención a las necesidades y reacciones de quien lo recibe, escuchando su pedido y ofreciendo lo que creemos le será útil. Esto nos incita a poner en práctica la sensibilidad en la mirada, la escucha y la inteligencia.

El cuerpo recibe con masaje variadas sensaciones y el cerebro registra y archiva la información que se le va ofreciendo. Para garantizar que se guarde la información, al realizar una estimulación, si queremos que lo percibido con ella se fije, es importante hacer una pausa de tres segundos entre una acción y otra, por ejemplo, hacemos una caricia en la espada, hacemos una pausa contando uno, dos, tres, y seguimos con presiones, con lo que garantizamos tiempo al cerebro, para procesar y guardar la información recibida, en este ejemplo la diferencia entre percepción suave y presión.

DIFERENTES FORMAS DE USAR LAS MANOS EN UN MASAJE

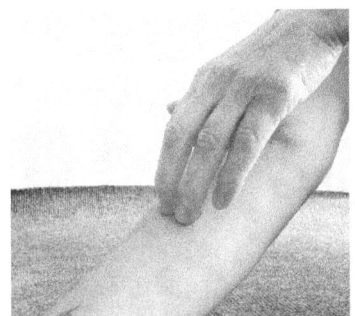

roce

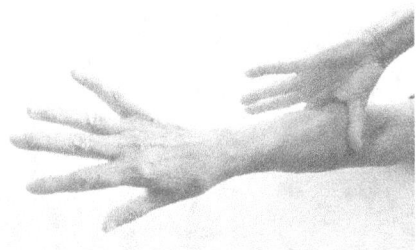

presión, amasar

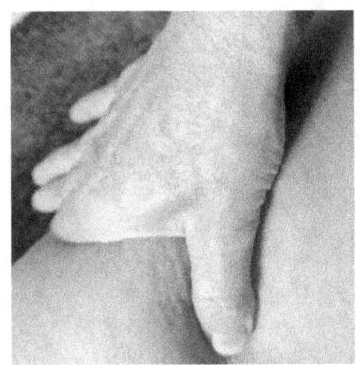

presión, amasar

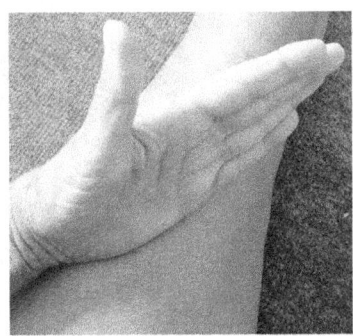

golpeteo, vibración

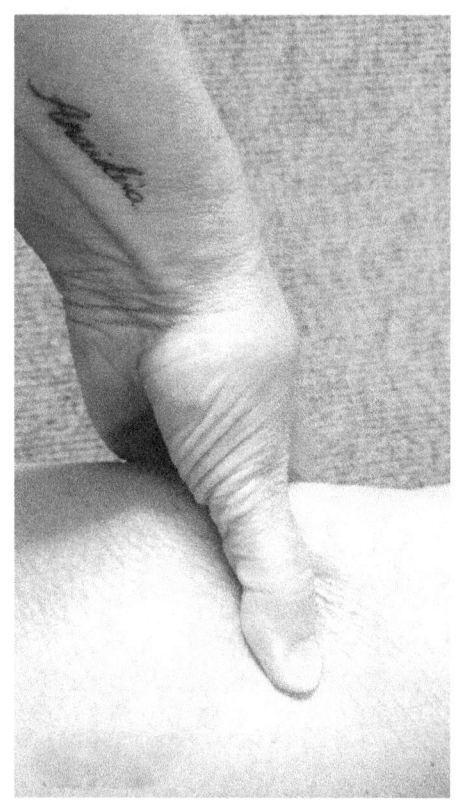

amasar, presión

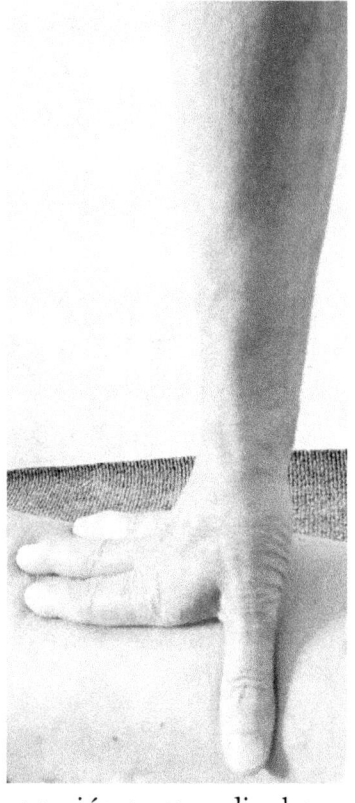

presión perpendicular al apoyo

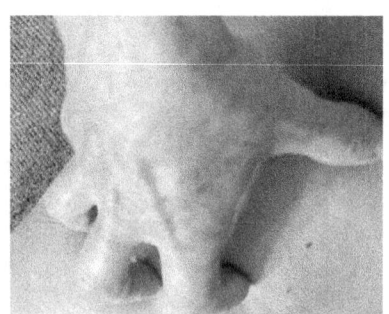

rascar, presionar

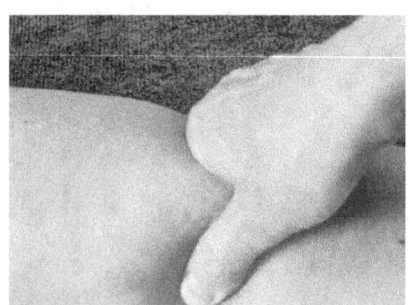

presión, amasar, pellizco

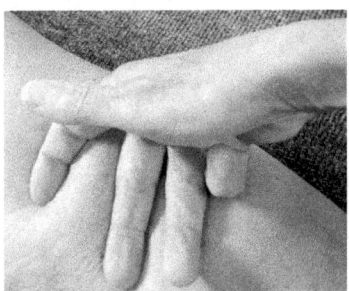
amasar, presión, pellizco

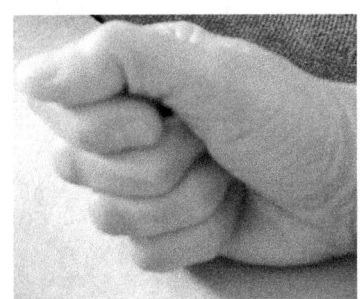
golpeteo

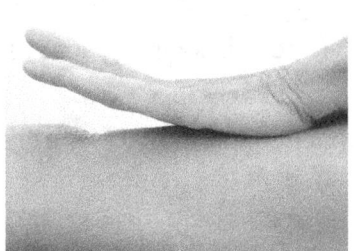
deslizamiento, presión

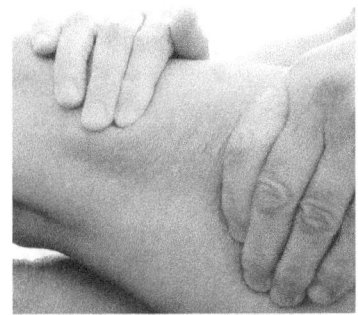
amasar, juntar, liberar

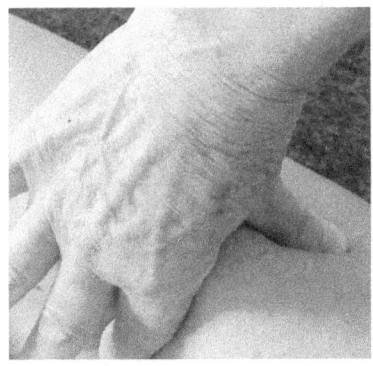
presión, amasar

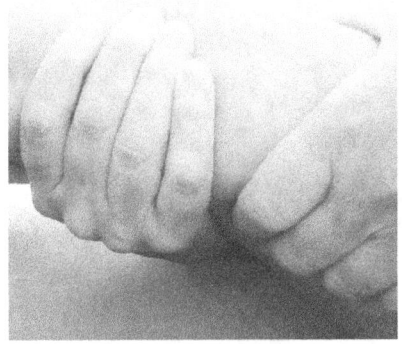
amasar, retorcer

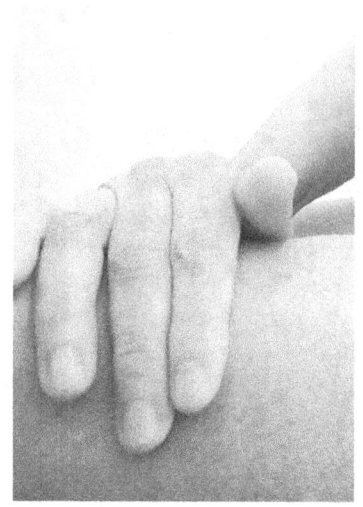
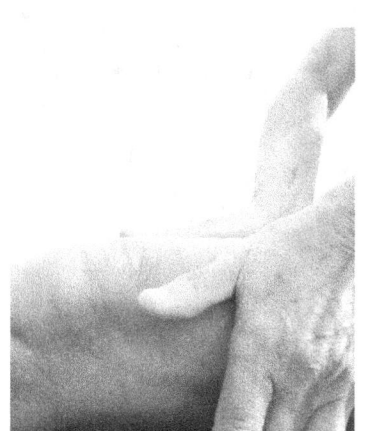

roces suaves
roces con presión
      roces abrazando, suaves
      con presión
(percepción de superficie)

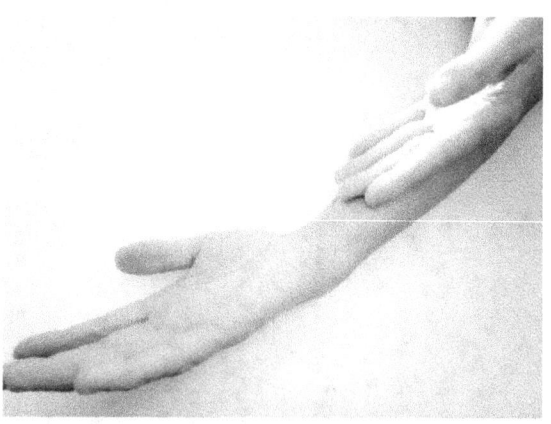

roces suaves y con presión
(percepción superficie)

OBJETOS PARA MASAJE PERCEPTUAL

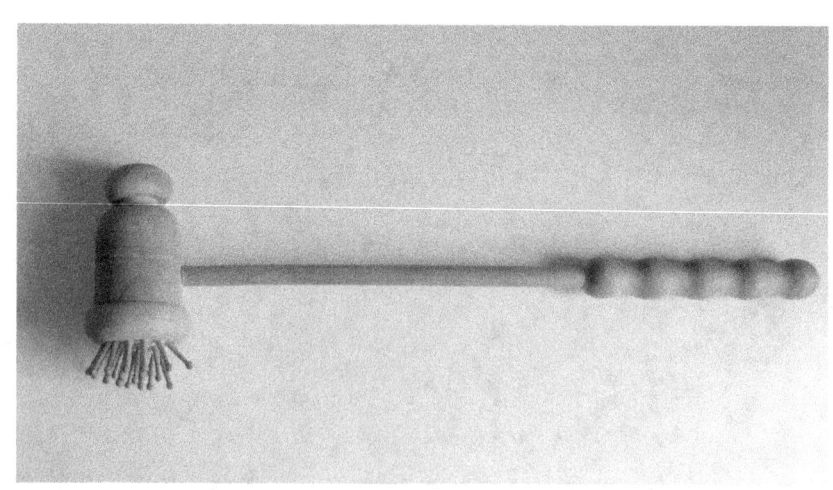

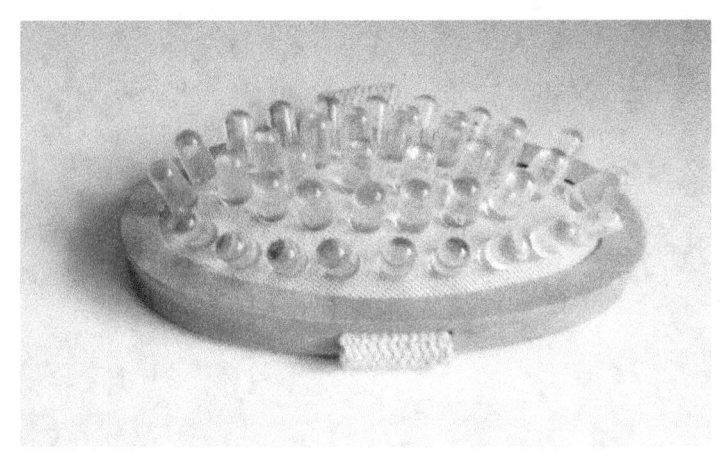

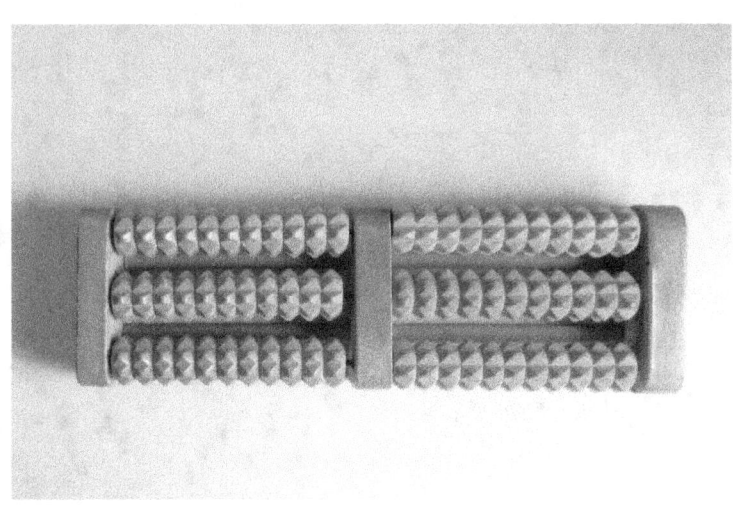

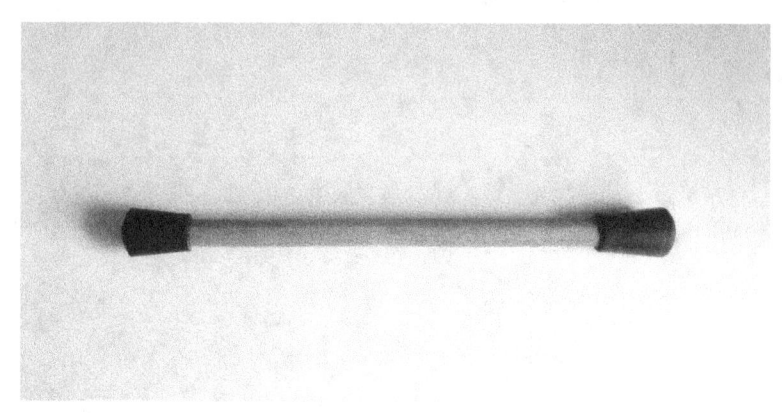

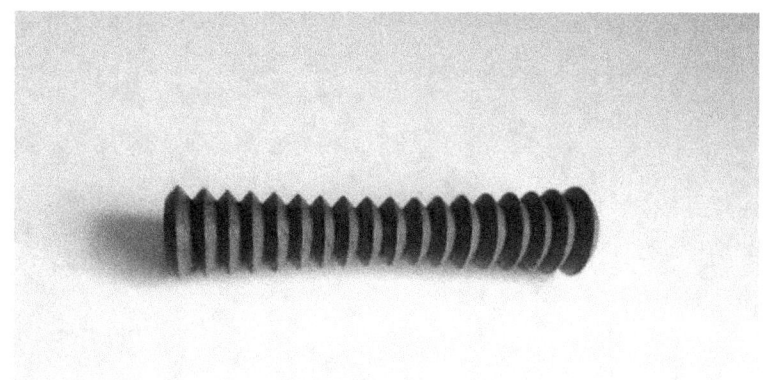

INFORMACIÓN BÁSICA
MASAJE PERCEPTUAL

Cuando damos un masaje tenemos que proporcionar tres informaciones básicas:

El cuerpo es un todo formado por: estructura (huesos, cartílagos), volumen (músculos, órganos, vísceras) y superficie (piel, mucosas).

Información de estructura, volumen y superficie, siempre deben estar presente en un masaje, por más breve que éste sea.

PERCEPCIÓN DE SUPERFICIE
ACCIÓN SOBRE LA PIEL

Las sensaciones que se producen en la piel son de suma importancia para la supervivencia y para una satisfactoria relación social, nos informan del límite entre el propio cuerpo y el mundo exterior, entre contenido y continente. La piel es la frontera y a la vez la zona de contacto, la puerta de salida y entrada en la búsqueda de nuestras necesidades básicas, el alimento, la exploración del entorno físico y humano, el sexo, el afecto, la caricia, el compartir. La piel comunica tanto lo bueno como lo peligroso.

La piel siempre está atenta, su función es estar alerta a lo que contacta con ella, a los estímulos, puede ser el roce de una mano que acaricia, o una araña que camina sobre ella, el polvo o polen que irrita las mucosas o las toxinas que le molestan desde el interior del cuerpo. La piel tiene la capacidad y la función de excitarse ante los estímulos. Es la encargada de despertar la alerta, de avisar. Es nuestro cerebro el que interpretará esos avisos, si considera que hay peligro, activará la mano para que retire prontamente la araña. Si considera que el estímulo es bueno, aceptará con gusto la caricia disfrutándola o devolviendo la caricia. Si el polen irrita los ojos y la nariz, el estímulo de irritación provocará la respuesta de cubrirnos y alejarnos del lugar.

Al realizar el masaje perceptual respetando las formas de actuar que producen confianza y placer, garantizamos que el cerebro lo interprete como beneficioso y predisponga a la persona al disfrute, haciendo que la excitación que producimos en la piel con los diferentes roces y estímulos, se convierta en agradable.

Debemos tener en cuenta que la estimulación sobre la piel, siempre es de excitación. Si abusamos, dedicándonos mucho tiempo seguido con caricias o roces a la piel, produciremos un estado de irritación, situación muy desagradable que ocurre a veces, esta es la explicación por la que un masaje, supuestamente de relajación, provoca nerviosismo.

Los roces, fricciones y demás estímulos sobre la piel deben ser breves y se deben intercalar otros estímulos más relajantes, como los de presión sobre los músculos, o sacudidas en los huesos.

Es necesario tener en cuenta lo que a nuestro cerebro, le es beneficioso. Los aspectos psicológico, fisiológico, la comunicación, deben ser tenidos siempre en cuenta. El lugar, los elementos, ya sean objetos, manos, etc., deben ser cuidadosamente seleccionados para lograr sensaciones placenteras e interesantes.

Para lograr la percepción de superficie es necesario que la estimulación sobre la piel sea lenta y sostenida, ya que la percepción táctil es secuencial, estímulo tras estímulo, si el contacto es breve se siente como un punto, si es rápido se siente como una línea.

Si queremos que se sienta y se perciba la superficie del cuerpo, la piel necesita estímulos continuos y lentos. Se puede deslizar la mano por la piel lentamente, cubriendo todo o una parte del cuerpo, con un contacto muy superficial o con mínima presión. También puedo apoyar los pulpejos de los dedos, como si pintase con puntos muy próximos toda la superficie a estimular.

Es un buen recurso usar objetos como plumas, telas, agua, peines, cepillos, etc., posándolos suavemente sobre la piel, deslizando o punteando lenta y continuamente.

Puedo hacer sentir una parte del cuerpo, luego otra y así hasta la totalidad, para luego integrar en un masaje a todo el cuerpo, como si lo estuviese pintando con un pincel, con las manos, con un cepillo.

Si dispongo de poco tiempo para el masaje, debo decidirme por una estimulación general de todo el cuerpo, recorriéndolo en su totalidad.

PERCEPCIÓN DE VOLUMEN
ACCIÓN SOBRE LA MUSCULATURA

Las sensaciones de presión sobre los músculos nos proporcionan la percepción de volumen. Las sensaciones pueden provenir de estímulos internos, de nuestra actividad muscular, como ocurre cuando entrenamos con ejercicios, en que nos sentimos grandes, potentes, con la masa muscular aumentada en su volumen, lo que nos da sensación de energía y seguridad. Las sensaciones de volumen pueden llegar desde fuera, cuando hacemos actividades de contacto como el del agua al nadar o algunas danzas y también cuando recibimos un masaje en el que se estimulan los músculos con presiones, amasamientos y percusiones.

Para realizar presiones y aplastamientos musculares, debemos colocar y apoyar la palma de la mano, la planta del pie o el objeto intermediario, sobre la superficie muscular elegida. El segmento que realizará la fuerza, antebrazo, pantorrilla, debe colocarse perpendicular al apoyo. Las presiones se realizan en forma paulatina aumentando en fuerza e intensidad, con una duración total de tres a cuatro segundos y se retira la presión disminuyéndola de la misma manera. Nunca realizaremos una presión en forma brusca.

Prestaremos atención a las reacciones de resistencia del músculo, una contracción brusca nos indica que estamos pasando el umbral saludable, agradable y cómodo que puede ir acompañado de un gesto de desagrado de la persona. Ante esto, detenemos inmediatamente la presión y revisamos si la estamos haciendo correctamente. Puede ocurrir que la zona muscular esté dolorida, muy contraída o que la persona tenga temor, por lo que una vez comprobado que la acción es correcta, procedemos a hacer leves y breves presiones, aumentándolas en intensidad y tiempo a medida que comprobamos que las tolera.

Las frotaciones (deslizar ida y vuelta la mano o un objeto presionando sobre la piel), permiten estimular la musculatura, son similares a una fricción, aunque más lentas y con presión leve o moderada.

Los golpeteos nos hacen sentir la musculatura y llevan sangre a la zona, se pueden realizar con la zona lateral de la mano, contigua al dedo meñique o con el puño cerrado golpeando con la almohadilla que se forma en la parte contigua al dedo meñique, también podemos utilizar un objeto intermediario, como una pelota o cono flexible. El golpeteo debe ser rítmico, elástico, continuo y realizado en una zona determinada, como si con los golpes pintáramos puntos que la cubren, no es conveniente saltar de un lugar a otro en forma anárquica.

Presión: pantorrilla, objeto, antebrazo perpendicular al apoyo:

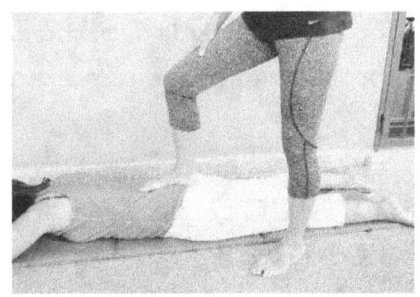
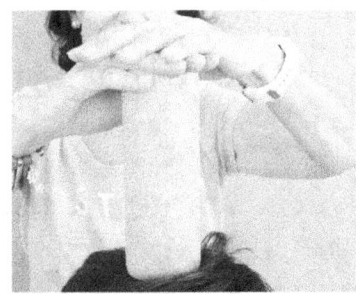
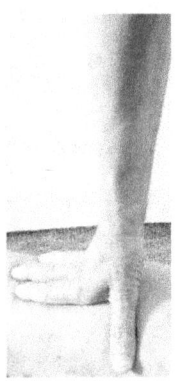
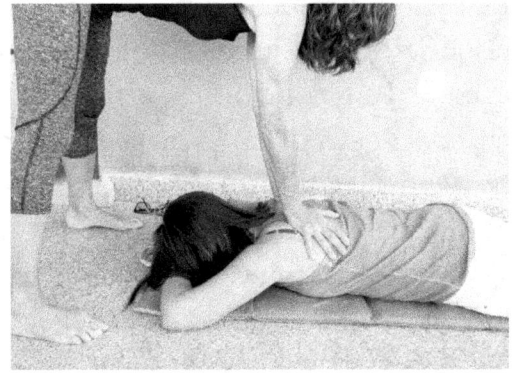

Quien da el masaje no debe cansarse ni tensionarse, ya que lo trasmitiría a la persona que lo recibe. Cuando intuimos que brazos o manos comienzan a cansarse, interrumpimos el golpeteo, las fricciones o las presiones e intercalamos un pase suave de percepción del tacto, de esta manera armonizamos, descansamos y evitamos trasmitir nuestra tensión.

Estas acciones deben producir una sensación placentera al sentir la zona muscular elegida con su volumen y su calor, produciendo un efecto saludable.

Así vamos actuando sobre grupos musculares hasta completar la estimulación de las diferentes zonas, especialmente las que tienen músculos de gran volumen.

Si se tiene poco tiempo para dar el masaje, se puede conseguir la sensación de volumen con golpeteos ordenados por todo el cuerpo, o con presiones sobre toda la superficie, como si camináramos sobre él con las manos, los pies o un objeto.

PERCEPCIÓN DE ESTRUCTURA ACCIÓN SOBRE LOS HUESOS

La parte sólida del cuerpo, los huesos, forman la estructura (esqueleto), que junto con los músculos sostienen nuestro cuerpo. La sensación de estructura está siempre presente, cuando nos movemos la percepción se hace más intensa, nos aporta seguridad, libertad, desafío contra la fuerza de gravedad terrestre que nos atrae.

Músculos y huesos nos permiten correr, saltar, recorrer los espacios que nos rodean, el movimiento es básico en nuestras vidas.

La percepción de estructura, en el masaje, la logramos con técnicas como vibraciones (movimiento o sacudidas breves y contiguas) y sacudidas (agitar fuertemente y con impulso de forma continua). Para realizarlas necesitamos hacer apoyo sobre un hueso fuerte e importante a una estructura. Una forma sencilla de realizarlas es colocar las manos sobre los hombros y desde allí sacudir la cintura escapular, también sujetar suavemente ambos tobillos, sacudiendo desde ellos las piernas y caderas. Otra manera de producir sacudidas y vibraciones es buscando un punto de apoyo para provocarlas, los lugares ideales de apoyo son, hueso sacro, crestas ilíacas, omóplatos, cabeza del húmero, hueso frontal, hueso occipital, hueso temporal. Se puede apoyar la palma de la mano, el pie o un objeto intermediario, el apoyo será firme, con seguridad y una presión media, de tal manera que quede fijado al hueso y no resbale sobre la piel. La sacudida se realiza desde el antebrazo o la pantorrilla, que se posicionarán perpendiculares al apoyo y se mueven rítmicamente hacia ambos lados. Si hacemos las sacudidas muy leves y continuas, a un ritmo rápido y constante, éstas se convierten en vibración. La vibración informa sobre la estructura profunda como un conjunto de huesos unidos.

Otra forma de sentir los huesos es golpeándolos sin provocar daño, con las manos en puño, utilizando para el golpe la parte almohadillada de la mano que continúa al dedo meñique. El golpeteo debe ser rítmico, elástico, que movilice sin producir daño, al contrario, debe provocar sensación de alivio de tensiones y placer. Los golpeteos sobre zonas óseas nos informarán sobre la resistencia de lo huesos, la flexibilidad de sus articulaciones y los contrastes entre interno-externo, blando-duro, flexible-rígido.

. Si hacemos los golpeteos muy leves y continuos, a un ritmo rápido y constante, éstos se convierten en vibración.

He aquí algunas ideas para dar información de estructura

Sacudidas, vibraciones y golpeteos:

Estando la persona tumbada boca arriba, colocamos las manos sobre los hombros, en la zona anterior de cada extremo de la cintura escapular, sobre la cabeza del húmero, (el hueso redondeado que forma la parte saliente del hombro), con los brazos perpendiculares al apoyo y hacemos presiones simultáneas o alternas, a continuación, llevamos las manos hacia la zona superior del hombro empujándolo rítmicamente en dirección distal (hacia los pies), provocando sacudidas de la cintura escapular. También podemos provocar sacudidas sosteniendo desde las muñecas los brazos, en posición perpendicular al tórax, tirando y aflojando desde ellos, despegamos alternativamente los omóplatos de la superficie de apoyo, produciéndose en la caída una sacudida con golpeteo.

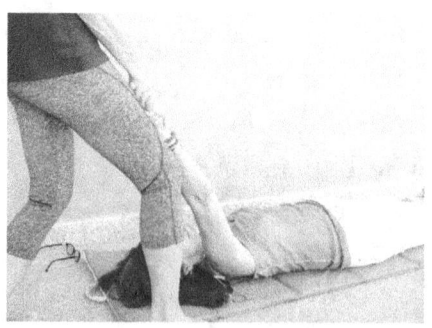

Si la persona se encuentra sentada o de pie, podemos usar las mismas posiciones y apoyos de manos para realizar las sacudidas. Las sacudidas de la parte superior del cuerpo movilizan la cintura escapular (formada por clavículas y escápulas) y se propagan hacia cuello, costillas y brazos.

Las sacudidas de la cintura pélvica (formada por los dos huesos ilíacos o coxales, el sacro y el cóccix), movilizan la cadera, la zona lumbar de la columna vertebral, las piernas y pies. Si la persona está acostada boca arriba y apoyo las manos sobre la cadera, en la zona más saliente de las crestas ilíacas, con los brazos estirados y perpendiculares al punto de apoyo, puedo hacer presiones simultáneas o alternas.

También puedo utilizar el apoyo para balancear y sacudir toda la pelvis.

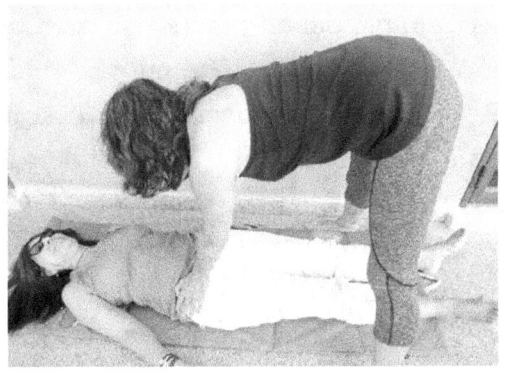

Desde aquí las sacudidas se propagan a la columna vertebral y a los miembros inferiores. Si se colocan las manos sobre los muslos y se realizan desde allí balanceos o sacudidas, éstas se propagarán a las piernas y a la pelvis.

Otra variante, es sujetar los tobillos suavemente y con firmeza, sacudiendo desde allí las piernas, trasmitiéndose el movimiento hacia la cadera.

Si las sacudidas las realizamos con un ritmo rápido y continuo se convierten en vibraciones. Golpeteos, vibraciones y sacudidas nos informan de la percepción de los huesos y articulaciones que forman la estructura de la cintura pélvica.
Estiramientos, extensión y flexión:

Los estiramientos producen gran placer y relajación, nos informan sobre las articulaciones, los tendones, la distensión muscular.

Es conveniente que la persona que se deja estirar esté relajada, tranquila, ayudará a ello respirar dos veces profundamente antes de comenzar. La posición debe ser cómoda para ambas personas. Cuando tomamos, por ejemplo el brazo que vamos a estirar, debe estar en su eje, sin giros de las articulaciones y no ofrecer resistencia.

Los estiramientos en miembros superiores e inferiores, en cuello y columna, deben practicarse preferentemente con una duración máxima de seis segundos y en dirección del eje anatómico longitudinal, en posición de descanso, a lo largo del eje central, sin giro ni movimientos de torsión mientras se estira. Las flexiones deben practicarse en igual eje, tratando de respetar la resistencia articular, sobrepasándola mínimamente. La flexión y extensión de las articulaciones nos informan sobre la posición de los segmentos articulares en el espacio y de sus posibles movimientos, es ideal durante el masaje realizarlas en el eje anatómico en posición de descarga, (la persona está relajada y se deja estirar, no realiza ningún esfuerzo muscular voluntario), para que la percepción sea de libertad en el movimiento y ausencia de esfuerzo. El masaje no es indicado para percibir la fuerza, ello se logra con el ejercicio voluntario.

TIEMPOS Y RITMOS

Durante el masaje nos dedicaremos a estimular en la persona que recibe el masaje, todas las sensaciones posibles, mientras permanece en un estado de relajación. Tendremos en cuenta la calidad de los estímulos que usaremos, ritmos y pausas, prestaremos atención al espacio y al tiempo del que disponemos.

La información debe pasar por toda la gama temporal desde lento a rápido. También por los diferentes matices, dinámico, fuerte, suave, muy suave, leve, medio, continuo, interrumpido, alternante.

Abunden los ritmos lentos en la piel cuando estimulamos superficie, con momentos rápidos, para volver a los lentos. Los cambios de ritmo y matices son importantes, pues si insistimos más de cinco minutos con una misma estimulación, sin variar los matices y los tiempos, el sistema nervioso lo interpreta como no relevante y baja la capacidad de percepción. La variación de ritmos y de tiempos es importante para mantener la atención activa y propiciar actividades intelectuales como las comparaciones, la discriminación de contrastes entre sensaciones y la vivencia de cambio espacial y temporal.

Si quiero que la discriminación sea detallada, que la percepción se enriquezca, se recree con particularidades, tendré que repetir varias veces la acción que proporciona esa percepción, alternándola con otras sensaciones, para volver a insistir con la que nos interesa destacar. Por el contrario, si quiero que la persona tenga una percepción de conjunto, nos detendremos menos tiempo en detalles, repitiendo más veces la estimulación general en todo el cuerpo.

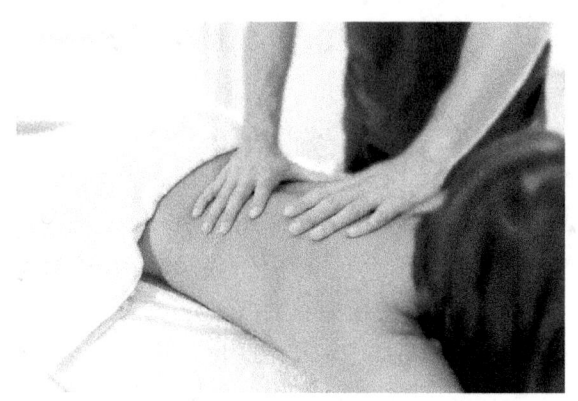

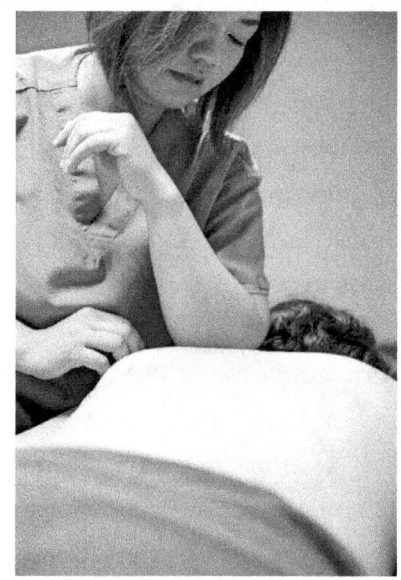

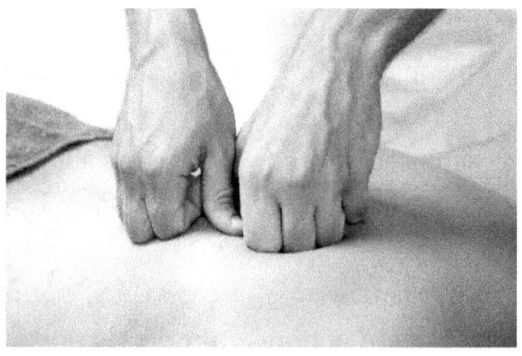

CAPÍTULO

3

Práctica del masaje perceptual

PRÁCTICA DEL MASAJE PERCEPTUAL

Expondré en este capítulo, una de las tantas formas en las que se puede estructurar un masaje perceptual, al sólo efecto de ejemplificar la práctica y hacer más didáctico el contenido del libro.

Buena comunicación, es buen comienzo

Comenzaremos generando confianza, tendremos en cuenta la cultura a la que pertenece la persona y el entorno que compartimos en ese momento.

En el primer contacto, o sea cuando acordamos dar y recibir el masaje, es importante una buena conexión, para lo que recurriremos al aporte de la neurolingüística que nos enseña, que un rápido y buen contacto se logra colocándonos en espejo, no imitando, sino adoptando una postura o actitud similar a la que tiene en ese momento la otra persona, lo que nos convierte en alguien familiar, conocido, con quien es fácil lograr buena sintonía. Ya tenemos un buen comienzo.

Es conveniente detenernos un momento a conocer a la persona, con breves preguntas, tales como si, ¿ha recibido alguna vez un masaje, qué tiempo dispone para el mismo, en qué posición le apetece recibir el masaje, cómo se sentiría más a gusto, con ropa o sin ella, le agradaría que usemos crema, talco, o ninguno de ellos? Podemos también sugerirle que dibuje, antes del masaje, una figura humana, o la modele con plastilina. Con ello nos daremos cuenta cual es la idea que tiene de su cuerpo. Es simplemente para observar, nunca para emitir un juicio, el juicio es una conducta que nos aleja del otro y nos pone en un lugar de superioridad, lo que está muy lejos de nuestro objetivo de acercamiento y entrega. Si al terminar el masaje, la persona realiza otro dibujo o modelado, nos sorprenderá gratamente ver cómo ha cambiado en mejor proporción y más detalles la representación del cuerpo.

Esto nos confirma la gran influencia que tiene percibir el cuerpo en su totalidad, en la idea y representación que tenemos de él.

Preparar el sitio y los elementos, determinar la duración

Procuraremos preparar el sitio de forma que esté agradable y limpio. Comenzaremos con un breve diálogo, colocando nuestro cuerpo en espejo con la persona a la que daremos el masaje, le preguntaremos su nombre, (si no le conocemos), le preguntaremos sus motivos y expectativas sobre el masaje que quiere recibir. Le ofreceremos la confianza de decirnos o comentarnos sus necesidades y deseos, ahora y mientras recibe el masaje. Decidiremos de común acuerdo, cómo daremos el masaje, con la persona que lo recibe en posición sentada, de rodillas, de pie o tumbada, en camilla, colchoneta o tatami.

El masaje puede tener una duración de cinco minutos, (con una breve estimulación de superficie, estructura y volumen), hasta una hora u hora y media, con mayor duración es posible detenerse en detalles.

Es conveniente no sobrepasar este tiempo máximo de hora y media. Si por ejemplo, sólo se dispone de media hora, en una sesión puedo dedicar más tiempo a una parte del cuerpo y en la próxima a otra.

La estimulación sobre la piel debe ser lenta y pausada. En los músculos la estimulación será pausada, con variedad de ritmos, con amasamientos, presiones, golpeteo o vibraciones. En la estructura la estimulación será intensa, con variación de ritmos, con sacudidas, vibraciones o golpeteos.

Las sacudidas, vibraciones y golpeteos deben durar un mínimo de cuatro segundos y un máximo de diez segundos.

Si decidimos dar el masaje usando aceites o cremas, aprovechamos el momento de la estimulación del tacto fino para distribuirlos sobre las zonas del cuerpo.

EJEMPLO DE MASAJE PECEPTUAL UTILIZANDO UN ELEMENTO

Realizaremos el masaje con un balón blando de tamaño mediano, con una duración estimada entre cinco a diez minutos. La persona está de pie y vestida, la sala en la que se encuentra tiene una luz tenue, una música lenta y suave completa la ambientación.

Nos colocamos frente a la persona y establecemos una buena sintonía con la mirada y la postura. Le pedimos que extienda un brazo hacia un lado, tomamos su mano y apoyando la pelota sobre ella, de forma suave, rodamos y recorremos mano y todo el brazo, lentamente hasta llegar al hombro. Siempre en contacto a través de la pelota, nos dirigimos por la espalda hacia el otro hombro y desde allí a la otra mano, lentamente sin detenernos, al llegar a ella repetimos exactamente lo realizado anteriormente. Ya en el hombro nos dirigimos hacia el cuello, le recorremos y continuamos haciendo rodar la pelota sobre la cabeza. Regresamos al cuello, recorremos la columna vertebral, y al llegar a la zona lumbar la pelota rueda y se desliza por caderas y glúteos, para seguir así de forma ascendente por toda la espalda hasta llegar a los hombros. (Hasta aquí hemos estimulado la percepción de superficie, proseguiremos el masaje estimulando la sensación de volumen con presiones y de estructura con golpecillos). Ya en la zona alta de la espalda, tomamos la pelota con ambas manos y propiciamos con ella golpecillos suaves alternando con presiones de intensidad media, sobre hombros y omóplatos, primero un lado y luego el otro. Rodamos lentamente sin detenernos, hasta las caderas y allí hacemos golpeteos y presiones con la pelota, primero en un lado y luego en el otro. Con suaves golpeteos y presiones recorremos ambas piernas, y de trente a la persona subimos por las piernas haciendo presiones suaves, al llegar a las caderas las presiones se dirigen a las zonas óseas, utilizando toques combinados con rodar y roces de la pelota contra la piel, llegamos al cuello donde solo haremos un toque suave conde comienza el esternón, luego un toque en el mentón y en el centro de la frente.

El masaje ha terminado, hemos recorrido todo el cuerpo y estimulado superficie, volumen y estructura. La persona que ha recibo el masaje seguro estará traspuesta, disfrutando de las sensaciones, sumida en un ensueño.

Respeto este momento que suele ser de uno o dos minutos, y le agradezco la confianza con la que se ha entregado.

Cinco o diez minutos bien organizados, se convierten en horas de sensaciones y placer.

EJEMPLO DE MASAJE PERCEPTUAL UTILIZANDO LAS MANOS

Organizar el masaje perceptual

Hemos preparado el sitio en el que daremos el masaje, contamos con una camilla en la que ambas personas nos sentiremos cómodas, y hemos establecido una agradable comunicación.
Para este ejemplo la persona que recibe el masaje se encuentra con mínima ropa interior, con casi la totalidad del cuerpo desnudo. Daremos el masaje con las manos, recurriendo sólo a un poco de talco vegetal, en caso de que la piel traspire o nos impida desplazarnos por ella fácilmente. Durante el masaje, sólo debemos hacer preguntas o indicaciones sobre la comodidad o necesidad de la persona, es totalmente inadecuado conversar, emitir juicios dar consejos sobre su cuerpo o costumbres, esto entorpece la capacidad de percibir y de disfrutar y suele ser una intromisión en la vida y decisiones presentes de la persona.

Masaje perceptual en la parte anterior del cuerpo.

Comenzaremos con la persona tumbada boca arriba (decúbito supino). Organizaremos el masaje por zonas anatómicas del cuerpo: hombro, cuello, cabeza; tronco y miembros superiores; cadera y miembros inferiores.

Estimularemos en cada zona, de forma consecutiva, la percepción de superficie, volumen y estructura. Siempre daremos entre una y otra percepción, la información de la totalidad del cuerpo.

Iniciamos el masaje dando una estimulación general del cuerpo, apoyando levemente los pulpejos de los dedos de las manos sobre la parte del cuerpo elegida, por ejemplo los hombros y a partir de este sitio recorrer todo el cuerpo que está a nuestro alcance en forma lenta, leve, suave, casi sin tocar, como si lo pintáramos, para regresar de esta misma forma al punto de partida.

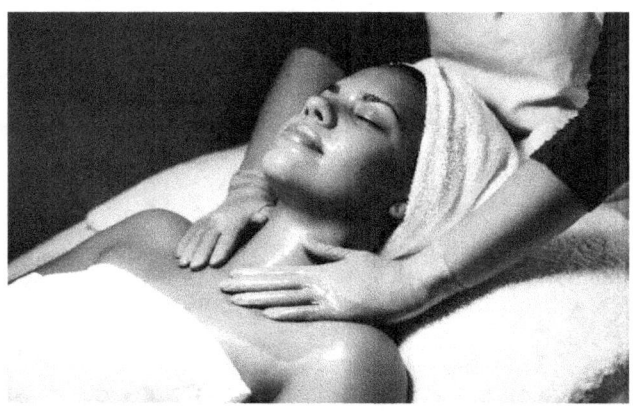

Masaje en cabeza, cuello y hombros:
Estimular la percepción de superficie:
Situadas las manos sobre el sitio elegido, en este caso los hombros, colocamos una mano en cada hombro, con levísimo contacto apoyamos toda la palma y dedos. Desde este contacto dirigimos las manos en forma lenta, suave, continua, hacia cuello y cabeza para regresar de igual forma a los hombros, donde esperamos casi sin tocar tres segundos.

Esta pausa asegura que la persona sienta, discrimine y perciba claramente las sensaciones ofrecidas.

Habiendo regresado a los hombros, partiremos desde ellos para recorrer con las manos, minuciosamente toda la superficie de hombros, cuello y cabeza, dibujando la forma, los contornos, las salientes y las depresiones, un dibujo táctil detallado y sentido por todas las zonas, nariz, orejas, cejas, ojos, boca, pómulos, sienes, mandíbula, cuero cabelludo, nuca, cuello, hombros, clavículas, esternón. Regresamos a los hombros, donde esperamos tres segundos. Comenzamos el mismo recorrido anterior, ejerciendo esta vez más presión, activando el tacto profundo. Al terminar las manos permanecen tres segundos en contacto con los hombros.

Estimular la percepción de volumen:

A continuación, colocamos las manos en los hombros, que es el punto de partida elegido, y desde allí deslizamos las manos hacia la cabeza, presionamos durante dos a tres segundos, lentamente, sin brusquedad, para liberarla durante un segundo y volver a presionar en otro sitio contiguo, como si caminásemos, serena y pausadamente por la cabeza. De esta forma recorreremos las sienes, la frente, las mejillas y el cuero cabelludo. Como en la cabeza la musculatura no es voluminosa, los amasamientos los haremos con suaves pellizcos, recorriendo en contigüidad todas las zonas que nos permitan asir sus músculos.

Luego, las manos se dirigen al cuello por la parte posterior, donde amasamos la gran cantidad de músculos que confluyen allí. Usamos los dedos con cuidado para no pellizcar, es adecuado usar la parte acolchada de la eminencia tenar o la pinza que se forma entre la mano y la primera falange del pulgar para hacer amasamientos, presiones o frotaciones. Seguimos amasando y realizando presiones, en la zona anterior y posterior de la cintura escapular (zona superior de las escápulas). Tener especial cuidado de no actuar sobre zonas que poseen ganglios u otras fisiologías delicadas, como la zona anterior del cuello y axilas. Al terminar, descansamos tres segundos con las manos apoyadas en los hombros.

Estimular la percepción de estructura:

Con un suave desplazamiento de manos nos situamos en la cabeza, con la mano apoyada sobre la frente y provocamos un movimiento pequeño, rítmico, que genere una vibración o sacudida suave. Con las dos manos apoyadas sobre los huesos temporales (las sienes), provocamos un balanceo suave de la cabeza. Haciendo percusiones rítmicas con los pulpejos de los dedos, sobre el mentón, provocamos una vibración para hacer sentir la estructura de la mandíbula. Deslizamos las manos a la zona superior de cada hombro y desde allí los empujamos rítmicamente en dirección distal (hacia los pies), produciendo una sacudida de la cintura escapular.

Masaje perceptual en tórax y brazos:

Percepción de superficie:

Volvemos a posicionarnos en los hombros y desde allí nos dirigirnos a los brazos, para dar un masaje que estimule el tacto fino. Recorremos los brazos con un leve tocar, usando los pulpejos y la palma de la mano, al llegar a la mano, jugando suavemente con ella dibujaremos sus dedos, nudillos, palma, dorso para volver a subir por el brazo tocando toda su superficie sin perder detalle. Al finalizar el masaje en ambos brazos, espero tres segundos para que se fije la percepción.

A continuación repetiré el mismo recorrido anterior aumentando la presión para estimular el tacto profundo, y terminaré haciendo la pausa sobre los hombros.

Partiendo de los hombros, me dirigiré hacia el tórax deslizando las manos por clavículas, esternón, costillas, tocando toda la superficie de la piel, volveré a los hombros a esperar los tres segundos. A continuación repetiré el recorrido con más presión, para estimular el tacto profundo.

Con las manos en los hombros, espero tres segundos, luego realizaré igual masaje en el otro brazo. Regreso a hombros. Espero tres segundos.

Desde los hombros me dirigiré a toda la superficie del tórax, incluyendo las zonas laterales y el abdomen, recorriéndola lentamente, con un leve tacto, para regresar a los hombros, esperar los tres segundos y repetir igual recorrido con una leve presión.

Percepción de volumen:

Presionamos los hombros haciendo sentir el volumen de los músculos deltoides, jugando con presiones y amasamientos continuamos en brazos y manos. Regresamos a hombros, nos detenemos tres segundos y partimos hacia el tórax, amasando, intercalando golpeteos, frotaciones lentas y rápidas sobre la musculatura pectoral y sobre la zona lateral de las costillas, teniendo especial cuidado en las mujeres, ya que la zona de los senos es tejido glandular, no muscular, por lo que no actuaremos sobre ella.

En la zona cercana a la clavícula y parte anterior del cuello, haremos solo presiones y frotaciones livianas, pues en ella se encuentran gran cantidad de ganglios que no es conveniente amasar.

Percepción de estructura:

Apoyamos las manos en la cabeza del húmero y desde allí provocamos sacudidas rítmicas, en dirección distal, que se propagarán de los hombros a todo el tórax, sacudiendo cintura escapular y costillas.

Tomamos una mano y la sacudimos rápido y rítmicamente, de tal forma que la vibración se propague hacia el brazo. Si el movimiento lo hacemos lento e intenso, provocamos una sacudida. Podemos intercalar golpeteos rítmicos y suaves sobre salientes óseas, en brazos, esternón, hombros. Al terminar esperamos tres segundos.

Masaje perceptual en cadera y piernas:

Percepción de superficie:

Establecemos como punto de partida las crestas ilíacas. Desde allí, estimulando el tacto fino, recorremos con las palmas de las manos, toda la cadera, el abdomen, piernas y pies. Deteniéndonos con un contacto suave en los pies, esperamos tres segundos, luego volvemos hacia las caderas, con un suave tacto ejercido con el dorso de las manos. Esperamos tres segundos y volvemos a hacer el mismo recorrido con una suave presión.

Percepción de volumen:

Las manos se posicionan en las crestas ilíacas como punto de partida, desde allí se dirigen por la zona lateral de las caderas, aplastando y amasando glúteos medios, para luego seguir hacia los muslos, amasando, aplastando y frotando la musculatura. Seguimos hacia piernas y pies actuando de la misma forma. En los pies nos detenemos tres segundos, para regresar realizando presiones, como si caminásemos con las manos por el cuerpo.

Percepción de estructura:

Con las manos apoyadas en las crestas ilíacas, producimos un movimiento de balanceo a toda la cintura pélvica, meciéndola como una barca, este movimiento debe ser rítmico, continuo, el apoyo de las manos no debe molestar. Si aumentamos la intensidad y frecuencia del balanceo, se convierte en sacudida, y la percepción de los huesos se vuelve más intensa. Al detener esta acción esperamos tres segundos. Nos dirigirnos con un suave roce de las manos hacia las rodillas, deteniéndonos antes de llegar a ellas, buscamos un apoyo firme y balanceamos desde aquí ambas piernas, el movimiento se propagará a caderas, luego aumentamos su ritmo hasta la sacudida. Nos dirigimos con un leve roce hacia los tobillos, para repetir desde allí el balanceo y las sacudidas. Ahora le toca el turno a los pies, los asiremos por los dedos con cuidado para no producir dolor y haremos pequeñas sacudidas de todo el pie. Regresamos a las caderas con un suave roce de ambas manos, recorriendo el cuerpo en simetría y nos detenemos en las crestas ilíacas.

Percepción de la totalidad del cuerpo, integración:

Finalizamos el masaje estimulando el tacto fino, abarcando todo el cuerpo, como si lo pintásemos, como si los dedos o la palma fueran pinceles o con toques ordenados de presión que den información de todo el cuerpo, como si caminásemos por él. Hemos completado el masaje perceptual en la parte anterior del cuerpo,

Dejamos reposar a la persona, tres o más segundos, a fin de que disfrute de la experiencia vivida. Luego, proponemos que se incorpore lentamente para cambiar de posición a decúbito prono, para realizar el masaje en la zona posterior del cuerpo.

Masaje perceptual en la parte posterior del cuerpo.

La persona ya está cómodamente acostada boca abajo, con el cuerpo extendido. A efectos de que sirva de ejemplo a las diferentes opciones, organizaremos el masaje en esta zona del cuerpo de diferente forma a la que usamos en la parte anterior del cuerpo.

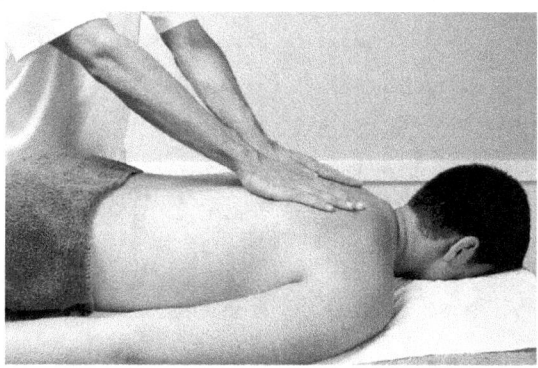

Daremos el masaje a todo el cuerpo, sin dividirlo en zonas, primero estimulando la percepción de superficie, luego la de volumen y al final la de estructura.

También es válido cambiar el orden de la estimulación, pues a veces comprobamos que la persona no se siente cómoda ante la estimulación del tacto superficial, por lo que inmediatamente comenzamos con estructura, intercalamos cada tanto la percepción de superficie, luego seguimos con volumen, y seguro que la persona se sentirá encantada con la estimulación de superficie al final del masaje.

Otra opción es teniendo en cuenta la columna vertebral como centro simétrico del cuerpo, dar el masaje en toda la zona izquierda, luego la derecha y luego integrar en un masaje breve ambos lados logrando la percepción total del cuerpo.

Estimular superficie:

Seguimos el mismo orden que en la parte anterior, un contacto muy leve para el tacto superficial, con un poco de presión para tacto profundo, esperando los tres segundos entre uno y otro para que se disfrute la percepción.

Las manos que dan el masaje se mueven lentamente, de los hombros al cuello y a la cabeza, tocando la piel, pelo, sin olvidar las orejas.

Dibujamos la columna vertebral con suave tacto y teniéndola como eje, estimulamos el tacto fino desplazándonos por la superficie izquierda del cuerpo, luego la derecha, dibujamos la columna vertebral, varias veces subimos y bajamos por ella, dibujamos los contornos laterales del tórax, la forma de los hombros, su continuación en brazos y cuello, bajamos por toda la superficie de la espalda con las palmas rozando la piel y con los pulgares la columna sobre las apófisis espinosas. Recorremos los surcos que limitan la columna vertebral a ambos lados de las vértebras, hasta llegar a las caderas y perdernos en los contornos laterales de los glúteos, bajar por los muslos, sin prisa, dando información sobre la superficie, la forma, las zonas suaves, ásperas, más o menos sensibles. Dibujamos las corvas, las pantorrillas, los tobillos, los pies con sus dedos, para volver a subir por los lados o por la columna hasta los hombros, donde resbalan lentamente por el cuello, la cabeza para regresar a los hombros. Esperamos tres segundos con las manos relajadas sobre los hombros.

La acción será con gran lentitud y a la vez breve en cada zona. Los receptores del tacto fino no son tan abundantes en la piel con pelos, por lo que la lentitud garantiza captar la mayor información posible. Con este accionar estamos estimulando la percepción de superficie, de la forma del cuerpo, del sentir, de la capacidad de recibir, de comunicarse consigo y con la otra persona.

Cuando hemos terminado la estimulación del tacto fino, podemos cambiar el ritmo y aprovechar para realizar fricciones o rascar todo el cuerpo, que vendrán bien tanto para estimular el tacto profundo como para activar la circulación en la piel y relajar la excitación psicológica del tacto superficial. A continuación repetiremos el recorrido anterior aplicando cierta presión para estimular el tacto profundo. Al finalizar el recorrido esperamos tres segundos, con las manos en contacto con los hombros.

Información de volumen:

Aplicaremos las mismas técnicas (amasar, frotaciones, golpeteos) que en la parte anterior, aunque en forma continua por todo el cuerpo.

De los hombros a la cabeza, que ahora nos ofrece sólo el cuero cabelludo y las orejas, luego cuello, hombros, espalda, brazos, manos, espalda, caderas, piernas y pies.

Actuaremos sobre la musculatura con una presión intensa con movimientos lentos cuando aplastamos y amasamos el músculo y movimientos rápidos, con mediana presión cuando le frotamos, golpeteamos o producimos vibraciones. Los músculos de vientre, los que tienen gran masa, como deltoides, bíceps, glúteos, cuádriceps femoral, isquiosurales, gemelos, son zonas ideales para provocar la información de volumen. Haremos pausas de tres segundos, cuando nos cansemos o cuando creamos que la persona necesita procesar la información.

Al terminar la información de volumen, volvemos a los hombros con una caricia suave o con presiones como si camináramos con las manos sobre el cuerpo. Descansamos tres segundos antes de comenzar con estructura.

Información de estructura:

Colocamos una mano sobre la saliente del hueso occipital y con una leve presión que nos permita fijar la mano en el sitio, provocamos un movimiento corto y rítmico para producir una vibración y leve sacudida de la cabeza.

Nos posicionamos otra vez con una mano en cada hombro, empujando alternativamente cada hombro en sentido distal (hacia los pies), provocando una sacudida que se propagará a toda la cintura escapular, las costillas y con ello a toda la caja torácica.

Nos dirigimos sin perder el contacto a un brazo y tomándolo de la muñeca y mano, le sacudimos y le hacemos vibrar alejándolo muy poco de la superficie de apoyo, intercalando estiramientos en sentido distal y longitudinal (hacia la mano y sin retorcer el brazo). Luego con un suave roce, sin perder el contacto, vamos hacia el otro brazo y hacemos la misma acción.

A continuación llevamos nuestras manos a la pelvis y tomándola de ambos lados hacemos balanceos suaves, a continuación aumentamos la intensidad para sacudirla.

Apoyamos la palma de la mano sobre el hueso sacro, cuidando que nuestro antebrazo quede en dirección perpendicular al apoyo, hacemos una presión segura para fijar la pelvis y la movemos con intensidad hasta producir vibración y sacudidas.

Esperamos tres segundos, manteniendo un leve contacto y nos dirigimos por las piernas hasta los tobillos, desde allí sacudimos rítmicamente las piernas hasta que el movimiento se trasmita a la pelvis.

Flexionamos las rodillas hasta que las pantorrillas formen un ángulo recto con la superficie de apoyo. sacudimos ambas piernas a la vez o por separado.

Podemos agregar un golpeteo rítmico sobre omóplatos, brazos, caderas, piernas.

Al terminar la estimulación de estructura nos dirigimos lentamente hacia los hombros, con un suave roce o con pausadas presiones, como si caminásemos sobre el cuerpo.

Integración:

Para finalizar el masaje perceptual, hacemos un recorrido por todo el cuerpo, estimulando el tacto fino o el de presión. Dejamos que la persona repose y disfrute de su estado de placer, de diez a treinta segundos. Luego le sugerimos que se incorpore en forma lenta a la posición sentada, permanezca en ella unos segundos y luego ya puede ir a la posición de pie para vestirse.

En las culturas orientales ofrecen una infusión al terminar el masaje, en otras culturas un zumo fresco y en algunas invitan una comida. Puedo recrear el final como más guste, a veces un saludo o un abrazo son suficientes.

CAPÍTULO

4

Masaje perceptual en la vida cotidiana

EL MASAJE PERCEPTUAL EN LO COTIDIANO

El contacto con la naturaleza y con nuestros semejantes, nos ofrecen situaciones, que si prestamos atención, nos proporcionan un masaje maravilloso.

¿Qué ocurre cuando el agua de una cascada se vierte sobre nuestro cuerpo? seguro que sentimos y percibimos con felicidad las sensaciones que nos produce, aportándonos información enriquecedora.

El momento de ducharse puede convertirse en un acto placentero, si llevamos nuestra atención al impacto del agua sobre el cuerpo, si nuestra focalización y motivación se centra en ello puede llegar a convertirse en un masaje, que nos informa de cada parte de nuestro cuerpo sumergido en un todo.

Y qué maravilla es dejar que el mar nos reciba en sus aguas, nos balancee y masajee con la espuma de sus olas, unas suaves y otras intensas, impactando en todo el cuerpo.

Gran placer el que nos provoca el agua sobre el cuerpo, ya sea en el mar, lago, río, piscina o en la bañera, siempre es placentero y enriquecedor.

Si caminamos por una zona de vegetación intensa, el roce de las ramas y hojas, nos provocan sensaciones variadas, desde lo irritante a lo placentero, estimulando la percepción del cuerpo y pueden convertirse, si así lo queremos, en un masaje.

Si nos cubrimos con lodo o nos enterramos en la arena, los elementos se convierten en verdaderos masajistas, aportando contacto, presión, calor.

El contacto con nuestros semejantes, las caricias, los roces y presiones, pueden convertirse en masaje si así lo decidimos.

Aprendiendo de los niños y niñas que juegan a empujarse y aplastarse, encimarse unos sobre otros, en felices juegos de contacto, también podemos los adultos y adultas, retomar esos juegos con la estructura de un masaje, friccionar espalda con espalda, ejercer presiones con diferentes partes del cuerpo sobre distintas zonas de él, rodar, amontonarse, rascar, golpear sin producir daño, apretar, rozar suavemente, infinidad de juegos que nos enriquecen y liberan.

MASAJE PERCEPTUAL EN SITUACIONES LÚDICAS

En una reunión donde compartimos la amistad, buena conversación, sabrosa comida y buena música, sería muy enriquecedor regalarnos placer con el masaje perceptual, es una forma de disfrutar, conocernos y variar de las típicas reuniones en las que casi siempre se permanece inmóvil en una silla, sin contacto corporal, ¿por qué no bailar o darnos un masaje que siempre aportan felicidad?

¡Comienza la magia! y una amiga se convierte en masajista, la varita son sus manos, sus pies, lo que su cuerpo y mente inventen. Al momento se forma una nutrida lista de aspirantes al masaje, en la posición que les resulte más cómoda o agradable, sentada, tumbada, de pie.

Además seguro que contamos con material improvisado que abundan en las viviendas, pelotas, cepillos, rodillo, pluma, tela, espiga, etc., todo puede servir para aportar un momento de felicidad.

Niñas y niños también participan, les encanta poner sus cuerpecitos para recibir un masaje, y además son muy creativos proponiendo e inventando posibilidades.

En las páginas siguientes encontrarás varias ideas y sugerencias para disfrutar en un encuentro de amigues.

Os invito a ponerlo en práctica, el masaje generará buena comunicación, creatividad, risas, buen humor y placer.

Sugerencias de masajes para compartir entre amigues

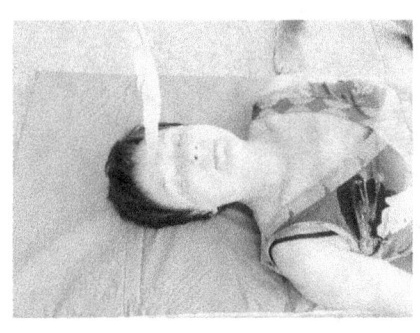

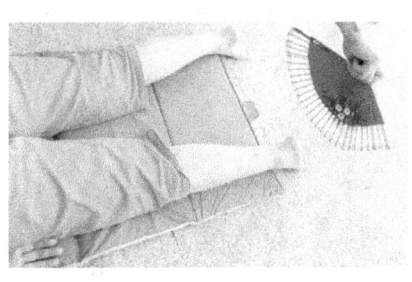
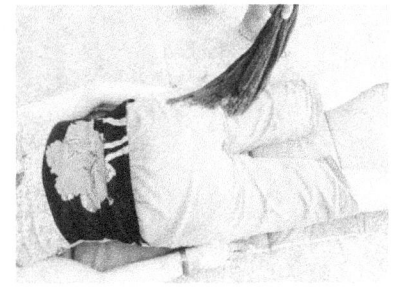

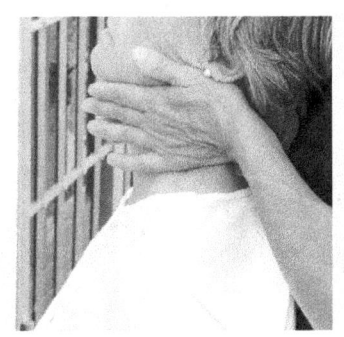 

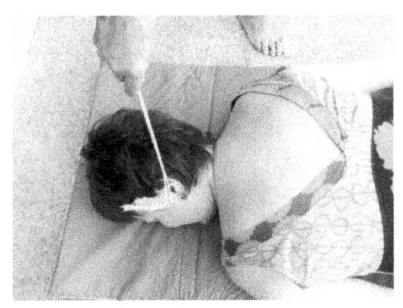 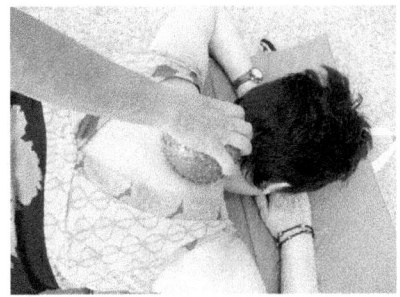

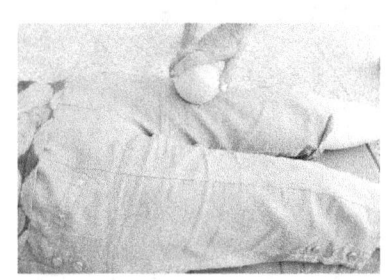
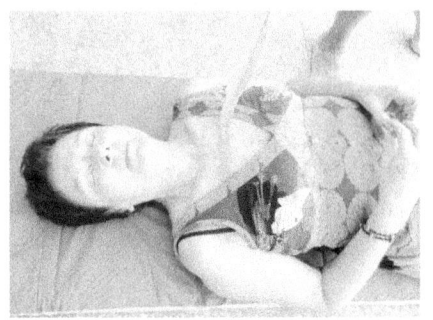
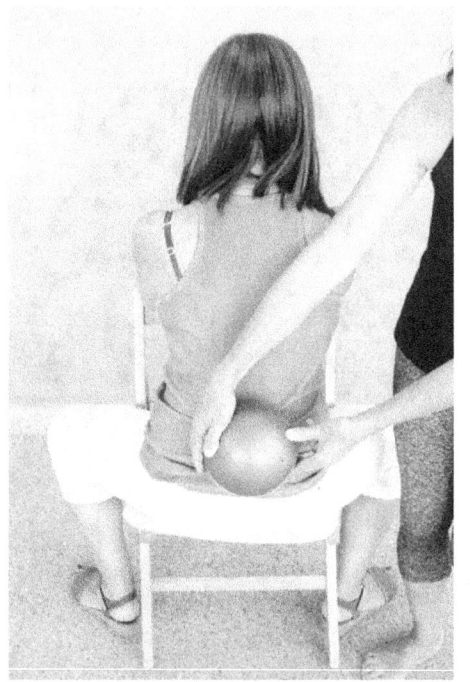
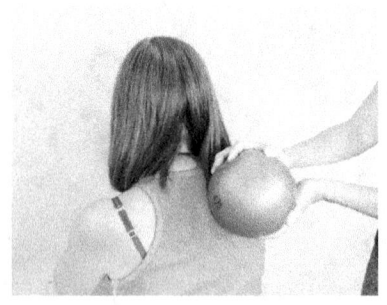
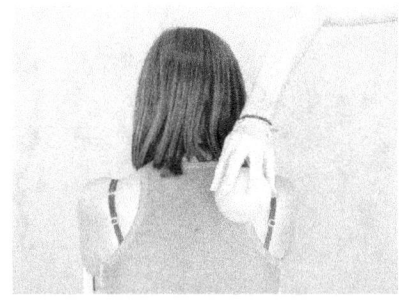

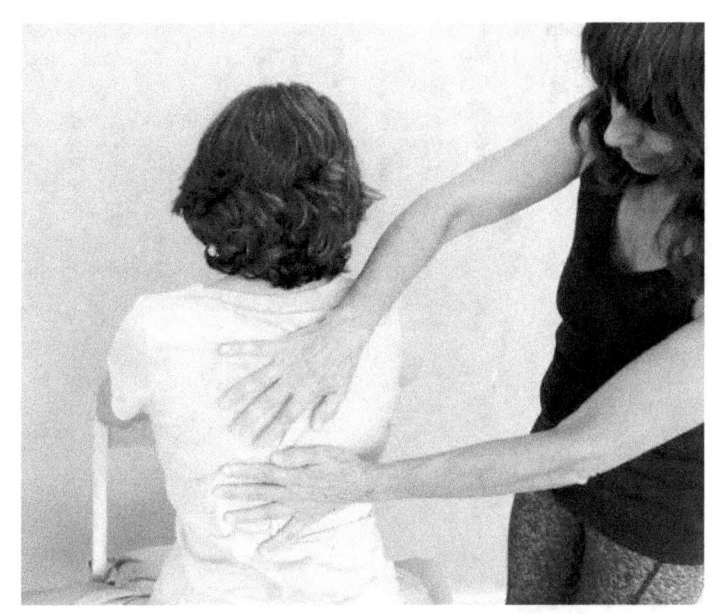
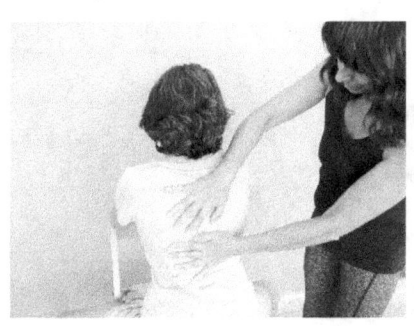
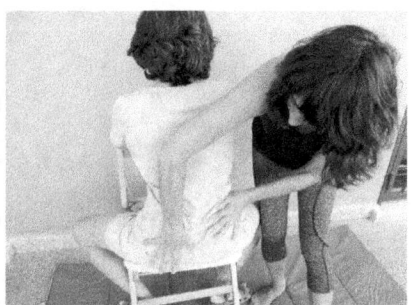
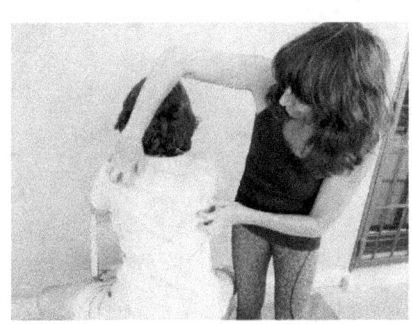
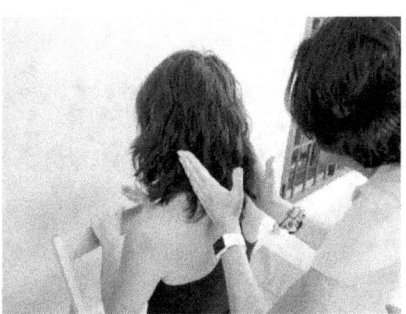

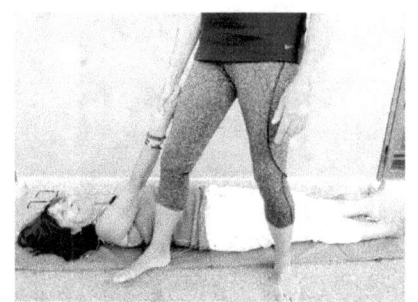 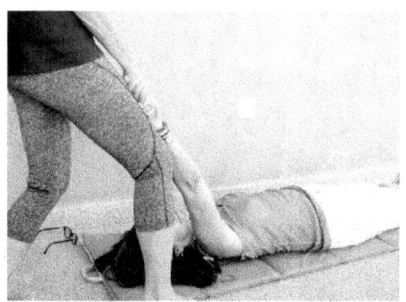

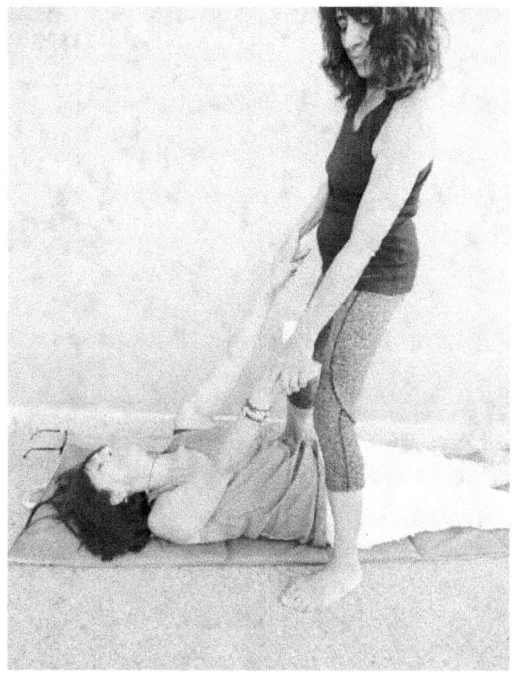

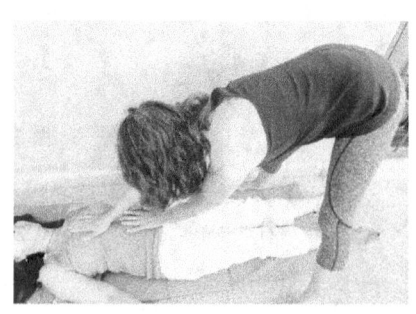 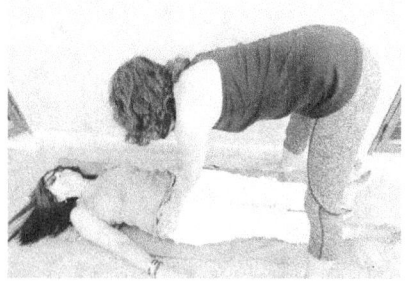

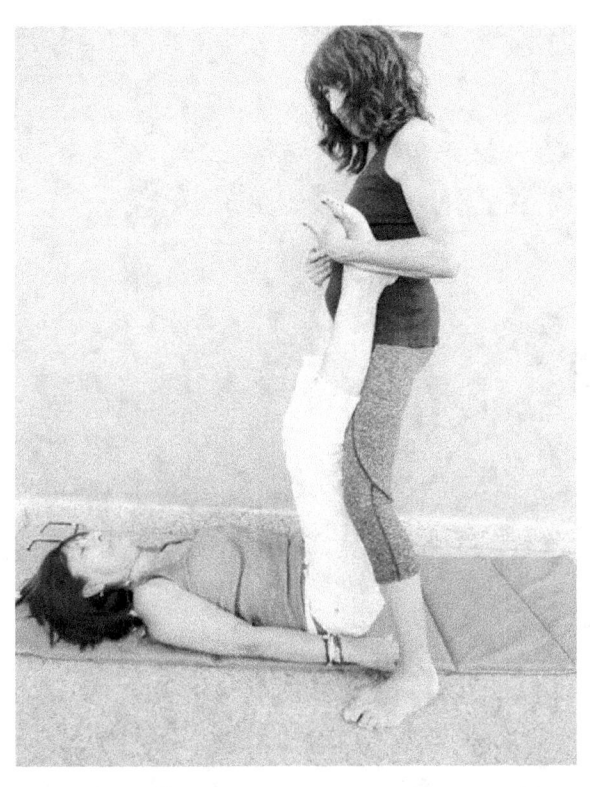

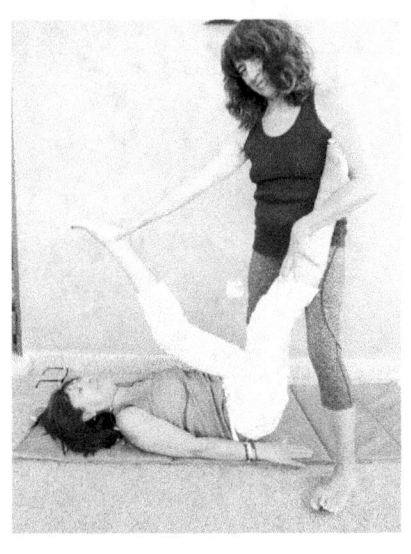
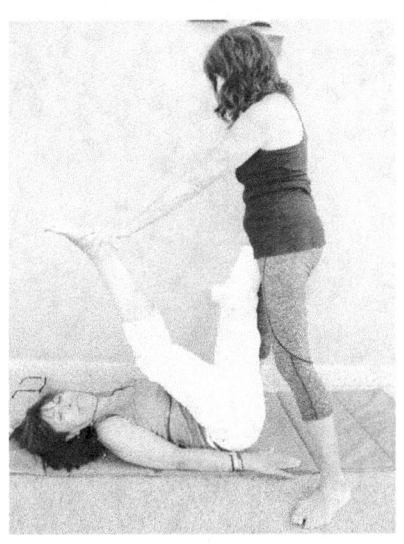

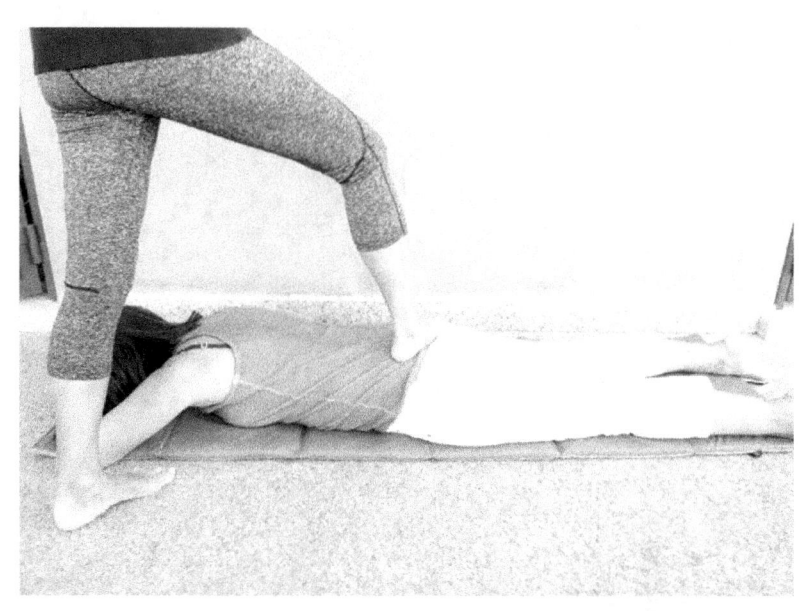
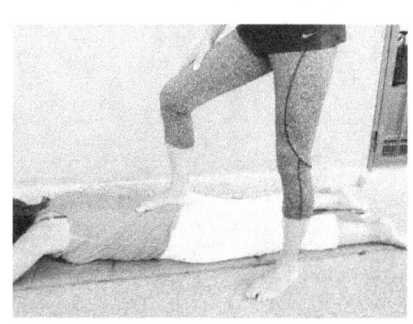

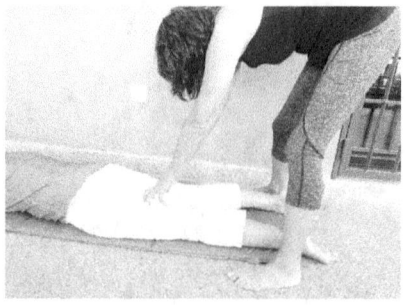

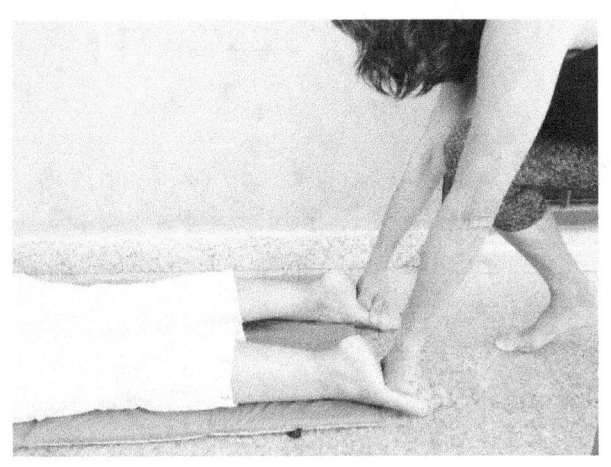

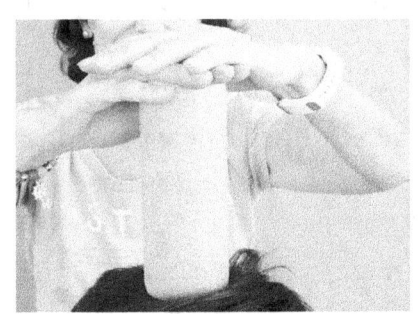
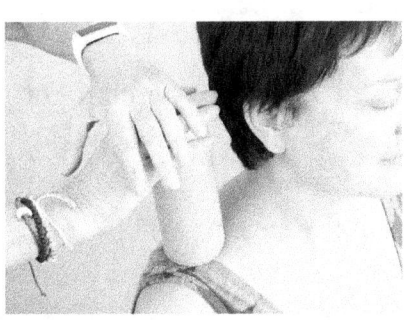

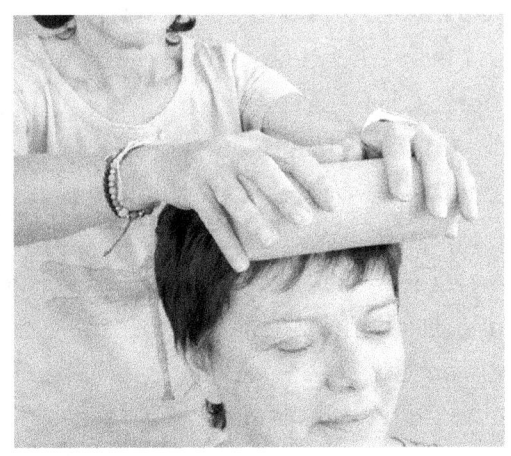

AUTO MASAJE PERCEPTUAL

Amamos a los seres que reconocemos y elegimos para que nos acompañen en la convivencia, en los encuentros en que compartimos sentimientos, ideas, gustos, caricias, contacto físico, les amamos en las coincidencias, porque amor es coincidir.

¿Coincidimos con nosotras, nosotros, nosotres, nos agradan nuestros sentimientos, ideas, gustos?, ¿nos agrada nuestro cuerpo?, ¿lo reconocemos, lo conocemos?, ¿tenemos contacto con él, le acariciamos, le tocamos, le sentimos?

El sentir y percibir mi cuerpo es el primer encuentro con el amor, conociendo y sintiendo nuestro cuerpo podemos conectar con las otras personas, es el primer encuentro con la felicidad.

Es necesario practicar el masaje en nuestra persona, caricias suaves para sentir la superficie de nuestro cuerpo, descubrir todos los detalles, desde el borde de los labios, párpados, orejas, cuello, brazos, la superficie del torso y de la espalda, el abdomen con su ombligo lleno de sensaciones, el sexo, los muslos, las piernas, las manos y los pies.

De suma importancia es no tensionarse ni cansarse cuando nos damos un masaje, por lo que, si usamos las manos, o un elemento, debemos hacerlo durante un breve tiempo (el que es muy personal), hay que estar atento, atenta, descansando los brazos y las manos unos tres segundos, ante el menor atisbo de cansancio, momento que aprovecharemos para disfrutar lo que hemos sentido y guardarlo en la memoria, como un tesoro que nos enriquece.

Retomamos luego el masaje continuando hacia la zona contigua, y así hasta completar el cuerpo.

Recordemos la importancia de abarcar el cuerpo entero, por lo que si tenemos poco tiempo, nos dedicaremos a una parte en especial y luego haremos un recorrido breve y sentido por todo el cuerpo, como una caricia, presiones, o sacudir el cuerpo para sentir la estructura, como hacen las mascotas cuando se mojan.

También podemos hacer sólo un tipo de percepción de manera general, si el tiempo que disponemos es poco. Procuraremos otra ocasión para detenernos en cada zona del cuerpo, pues los detalles y diferentes sensaciones que posee cada parte del cuerpo enriquecen nuestra imagen corporal y con ello nuestra seguridad, inteligencia y autoestima.

Los objetos intermediarios son un buen recurso para el automasaje, con un cepillo podemos recorrer nuestro cuerpo para estimular el tacto superficial, con una pelota hacer presiones, masajear espalda y glúteos contra el balón apoyado en la pared, resbalar, golpetear o sacudir nuestras cinturas escapular y pélvica contra la pared. Las posibilidades son inagotables, explorando los diferentes elementos en contacto con nuestro cuerpo, estimulando superficie, volumen y estructura.

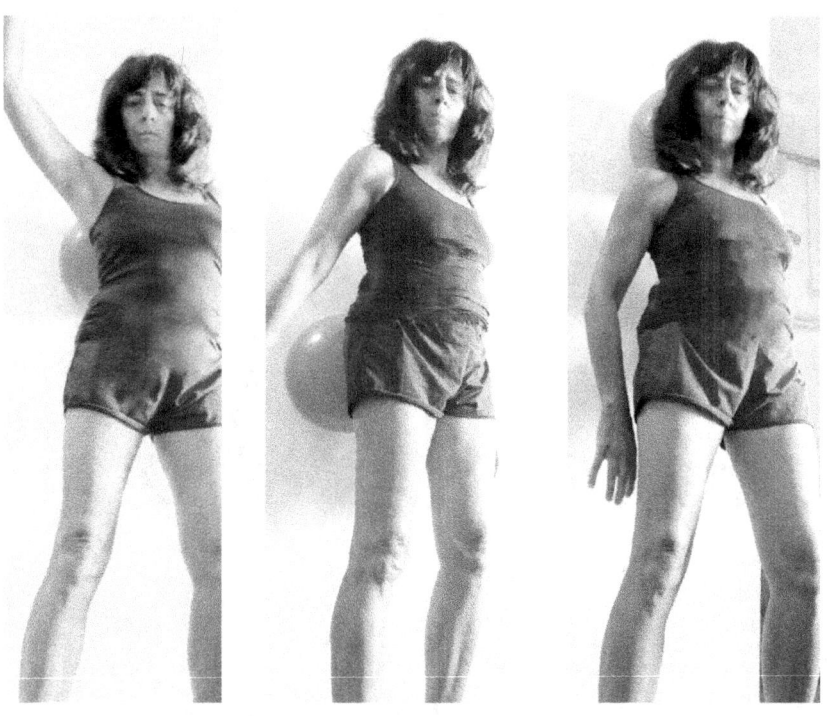

MASAJE PERCEPTUAL EN LA INFANCIA

En muchas culturas se dan masajes a niños y niñas. En algunas zonas de África los dan las madres para que crezcan esbeltos y fuertes, en otras los dan las abuelas, como un ritual de iniciación social. En India lo dan mujeres especialistas en ello, como una meditación. En occidente se suele dar el masaje como terapia, para inducir el sueño o paliar el malestar causado por los gases.

Niñas, niños y niñes, por suerte, gracias al programa genético que traen incorporado crecen solos, siempre que se les dé un mínimo de cuidados y afectos. Sólo necesitan alimento, cobijo, higiene, cuidado de accidentes y enfermedades, cariño, y ser tocados.

En la niñez ser tocado con afecto, es vital para la supervivencia. La carencia grave del tacto afectivo lleva a la muerte temprana o a enfermedades psíquicas y físicas.

Niñes, niños y niñas necesitan ser cuidados, protegidos y tocados con cariño y respeto. Si jugamos con ellos y los dejamos jugar entre sus pares, crecerán y se desarrollarán con salud y felices.

La percepción corporal en la infancia, está garantizada si las niñas, niños, niñes se arrastran, reptan, rolan, gatean, caen, trepan, corren y juegan con elementos, con adultos y otros niños.

En general tocamos a nuestros y nuestras bebés en forma espontánea, les besamos, acariciamos sus manitas y piecitos, los sacudimos para hacerlos reír, les aplastamos las mejillas y las piernitas de puro amor.

Aunque no lo pensemos estamos actuando para que él o la bebé sienta. Estamos estimulando la percepción de superficie, volumen y estructura.

¿Les estamos estimulando en forma armónica y completa?, eso depende de la cultura a la pertenezcamos, de las normas, represiones y permisos que esas sociedades otorguen. Las normas no necesariamente contemplan el desarrollo de la inteligencia, libertad, armonía, seguridad corporal y plenitud emocional.

De hecho, en muchas sociedades, incluyendo la occidental europea, se toca de modo diferente a niñas y niños, también se juega de forma distinta, sus objetos y roles se diferencian según lo que la sociedad espera de ellos y de ellas.

En general, a los niños se los sacude más y se los besa menos, se les enseña juegos de impacto, como patear un balón o dar golpes con un palo, se los acaricia poco y sólo en la cabeza, como si se los condicionarse a ser fuertes, agresivos y no sentir la piel con el afecto. A las niñas se las besa más, se las adorna y se les acaricia algo más el cuerpo, se las trata con más serenidad, se les reprime el movimiento y las expresiones exageradas, quizás se las prepare para ser receptivas y sumisas.

Por suerte los tiempos están cambiando y hay muchos adultos y adultas que se proponen un trato por igual a niñas, niñes y niños en el seno de la familia y de la escuela. Hay una tendencia actual, a brindar iguales oportunidades a niños, niñas y niñes, de permitir y propiciar sentir el cuerpo, vivenciar sus sensaciones y elegir libremente sus propios roles.

El masaje perceptual puede ayudar a estos cambios, pues el cuerpo es un todo a sentir, con respeto, sin prejuicios ni condicionamientos, el cuerpo es lo único propio que poseemos.

El cuerpo es nuestra única posesión, el plan gético lo hace crecer y satisfacer sus necesidades básicas, el instinto lo cuida de no morir, la supervivencia de la especie lo incita a reproducirse, la sociedad lo modela en su expresión y conductas. El aporte social debería colaborar en formarnos inteligentes, libres y felices.

El respeto hacia niñas, niños, niñes, está basado en su CUIDADO, no hay respeto cuando se ejerce abuso de poder, violentándoles, obligándoles, utilizándoles para beneficio de la persona adulta, sean cuales sean esos beneficios.

Propiciar que les bebés disfruten en contacto con objetos lúdicos, como peloteros, arena, agua, hojas, les estimulará una gran variedad de acciones, percepciones, emociones y el desarrollo de su inteligencia.

El jugar a disfrazarse puede consistir en un sentir el cuerpo con diferentes ropas y pinturas, un juego de percepciones que de alguna forma se acercan al masaje. El envolverse en una tela estimula la percepción de superficie y si se ajusta al cuerpo el volumen, pintarse el rostro ayuda a reconocer sus detalles y recrea la imaginación etc.

El masaje organizado y convertido en juego puede ser una forma de comunicación y unión en la familia, en la escuela y en el deporte, colaborando al desarrollo de la inteligencia y de la solidaridad.

Imaginemos por un momento lo divertido y enriquecedor que puede llegar a ser una reunión de familia, donde se juega a estimular el tacto fino con una pluma, o con un cepillo blando, mayores entre sí, niños, niñas, niñes, entre sí, menores con mayores, las sensaciones abiertas a un universo de percepciones y de comunicación.

Otro día podemos jugar a percibir el volumen aplastándonos con pelotas o tirándonos almohadones, dejándonos caer sobre el suelo o empujándonos sobre colchonetas. También podemos buscar un juego que provoque un poquito de cada percepción en un solo encuentro (por ejemplo, caminar sin tocarse, cuando el que guía dice A se empujan con los hombros, cuando dice B se caen al suelo, cuando dice C se acarician suave con la punta de los dedos, etc.).

Todo ello con cuidado, respeto y libertad, con el objetivo de divertirse y aprender.

Masaje como un juego

El masaje perceptual es un interesante recurso didáctico, favorece el conocimiento individual, las relaciones solidarias, desarrolla la autoestima y puede ser el vehículo de variados conocimientos y contenidos. Se ha utilizado en centros escolares como una forma de reducir la violencia, educar en el autorrespeto y respeto a los semejantes. Incorporarlo a los currículos educativos, a las clases de psicomotricidad, gimnasia, deporte, como actividad extraescolar, como complemento de todo aprendizaje, es una opción beneficiosa para la infancia y adolescencia. Cumple un papel importante en la vida y actividades de las personas jóvenes, adultas y mayores, ofreciendo creatividad, comunicación y energía.

El masaje perceptual lo podemos orientar u organizar como un juego espontáneo o pautado, dando consignas y sugerencias durante la acción, puede ser individual, en parejas o en grupo. Una de las tantas formas de propiciar la percepción de superficie puede ser hacemos cosquillas con una pluma en la espalda, en el cuello, en los brazos, en las manos, en las caderas, en las piernas, en los pies y así sucesivamente en todo el cuerpo.

Un pañuelo suave o áspero, puede pasear muy lentamente por la frente, las mejillas, las orejas y así ir recorriendo todo el cuerpo. Lanzar un pañuelo al aire y proponer recogerlo sucesivamente con la espalda, con la cara, cabeza, manos, pies, etc.

Para dar percepción de volumen podemos proponer buscar las partes gorditas y mullidas del cuerpo y aplastarlas con una pelota hinchada de aire. También rodar sobre la pelota, lanzarse almohadones o darse golpes con ellos.

Para percibir la estructura, una propuesta interesante puede ser jugar a la marioneta, donde los niños, niñes y niñas se dejan manejar y sacudir, Por ejemplo sujetar a la compañera o compañero por los hombros y moverle como si de un muñeco de trapo se tratara, luego de igual manera hacerlo desde las caderas, en posición de pie, en el suelo acostados boca arriba, boca abajo, en posición sentada, sacudiendo brazos y piernas. Otra de las tantas opciones es jugar a darse golpes y golpecillos con almohadones y pelotas flexibles o mullidas, lo que puede ser libre o proponiendo un orden para que nada quede sin estimular, "en la espalda, ahora en las piernas, etc.". Combinar la opción libre y pautada da más flexibilidad al juego, impulsando la curiosidad, la constancia y la libertad. No olvidar las pausas, aquí también son importantes, podemos sugerirlas directamente o con metáforas, como "¡un momento de tranquilidad para que el muñeco y la muñeca descansen!"

Es muy válido y enriquecedor que la persona adulta dedique un tiempo a dar un masaje breve, estimulando las tres percepciones, superficie, volumen y estructura, al bebé, al niño, niña, midiendo la intensidad y observando todo el tiempo si sus reacciones son agradables, de lo contrario cambiamos o interrumpimos inmediatamente el masaje.

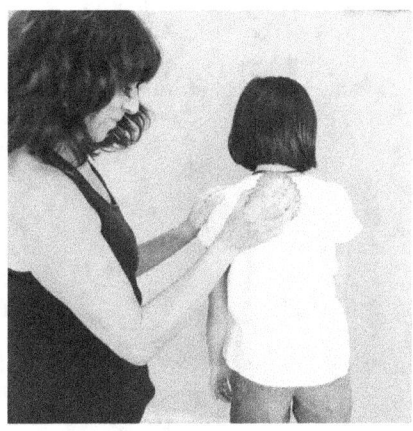
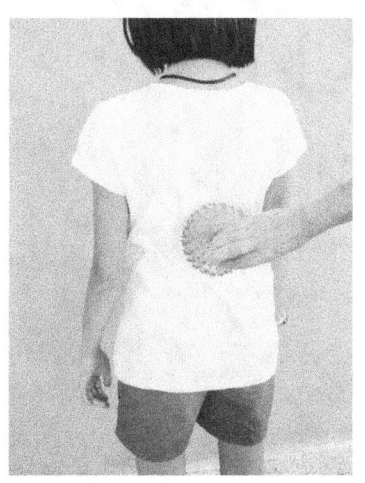

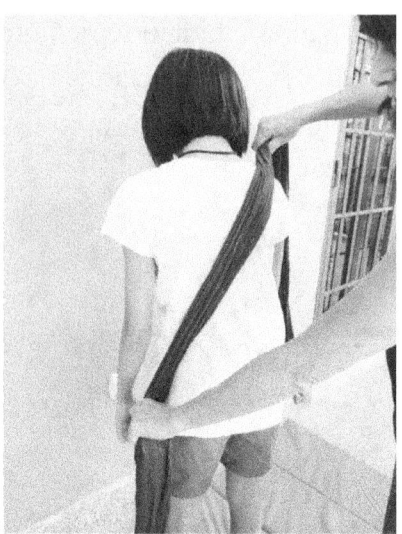
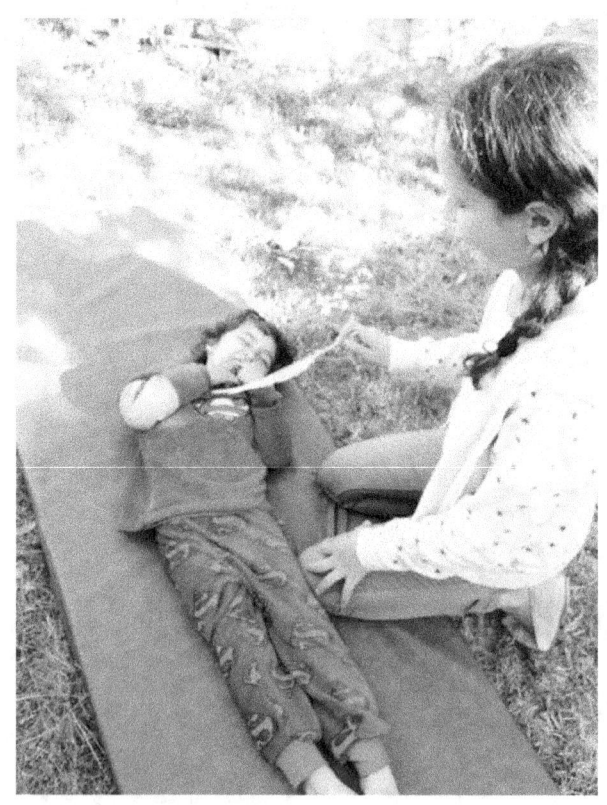

MASAJE PERCEPTUAL Y ADOLESCENCIA

El adolescente y la adolescente, si han sido estimulados con respeto y cuidado, si han percibido su cuerpo con naturalidad, tendrán una positiva imagen corporal y buena autoestima, por lo que se sentirán felices de recibir un masaje perceptual. Puede ocurrir que lo rechace, o que muestre interés aunque con timidez, sea porque sus experiencias de sentir su cuerpo han sido deficientes o ha vivido situaciones traumáticas o los adultos, las adultas no le inspiren suficiente confianza. Es nuestra tarea hacerles descubrir lo maravilloso de la experiencia de sentir su cuerpo con respeto, en un agradable masaje. Necesitaremos paciencia, tiempo, buena comunicación y generar confianza.

El descubrimiento de los múltiples cambios que experimenta el cuerpo púber y adolescente, son necesarios para su propio reconocimiento a través del cuidado, la exploración, los contactos placenteros. Se hace necesario experimentar. Les adolescentes se pasan horas mirándose al espejo, probándose varias prendas para elegir la que usarán, largo tiempo sintiendo su cuerpo bajo la ducha, abrazándose, explorando su sexualidad, jugando a empujarse como cachorros. Son todos encuentros con su cuerpo, es bueno que las personas adultas les comprendan, acepten y les apoyen en las actividades en las que disfrutan del cuerpo. El, la adolescente necesita experimentar y sentir su cuerpo que se encuentra en metamorfosis, si ha recibido estímulos y conocimiento sobre su cuerpo en la niñez, transitará esta etapa con seguridad y placer.

En la adolescencia, muchas veces nos hemos sentido solos, solas. ¡Vemos a los adultos que nos cuidan tan distantes!, tememos su acercamiento, que juzga, reprende, obliga a hacer cosas que no queremos o que nos cuestan. Cuántas veces habremos deseado tenerlos a nuestra altura, echados en la cama o el sillón como tanto nos gusta estar. Ahora que ya somos adultas y adultos, si nos recordamos en ese tiempo, podemos empatizar e ir hacia el lugar deseado en nuestra adolescencia, ponernos en espejo tumbándonos a su lado, en su cama, en el sillón, en cuya posición estaremos en un mismo plano y donde es factible que la comunicación fluya. Circunstancias como éstas pueden ser un buen momento para ofrecer un masaje o hacer un cariño-masaje y que cuente con su aceptación agradecida.

El masaje también puede ser una manera de comunicación y entrega de cariño entre adultos y adolescentes.

A la mayoría de las personas nos agrada que nos rasquen la espalda, una caricia en la cabeza, abrazos y besos de una madre, padre, abuela, abuelo, hija, hijo, hije.

¡Qué lluevan los abrazos! Compartir una tarde en el spa, en la cascada, ofrecer y aceptar un masaje con aceite y aromas, todo puede ser maravilloso.

MASAJE PERCEPTUAL
EN PERSONAS ADULTAS

¿Qué ocurre cuando pasamos los dieciocho años y la sociedad nos considera adultas y adultos?

Poco antes o después de esta edad, la mayoría de las sociedades consideran que las personas se convierten en adultas. En la mayoría de las culturas se espera que las personas adultas trabajen, formen una familia, tengan descendientes, les procuren alimentos y cuidados y aporten para sostener la sociedad en la que viven.

El inicio a la adultez, en general, va acompañado con rituales de iniciación, ceremonias y festejos, la graduación de los estudios, el primer trabajo, la presentación en sociedad, el casamiento, etc.

Cada sociedad establece sus condiciones para ingresar a la edad adulta, las más autoritarias, que precisan tener control sobre la población para servir a sus intereses, suelen tomar medidas y dictar normas que restringen y censuran la percepción del cuerpo. Si no percibo mi cuerpo en todos sus aspectos, tendré baja autoestima y no comprenderé y valoraré el cuerpo de otras personas, ni sus necesidades. Las sociedades autoritarias necesitan generar personas frustradas, dependientes e ignorantes para poder controlarlas, por lo que no les conviene estimular la capacidad de sentir el cuerpo. Es por ello que en muchas culturas se observa un drástico cambio al iniciar la edad adulta, en la manera de vestir, los tacones que impiden el moverse libremente en la mujer, el traje que desfigura el cuerpo del hombre aumentando el tamaño de sus hombros, el ocultar como una propiedad el cuerpo de la mujer tras velos o ropa o el exponerlo como una mercancía, el rigidizar el cuerpo de los hombres para que se vuelvan duros e insensibles, el discriminar el cuerpo y los movimientos en las personas que eligen ser diferentes a las normas establecidas.

Si queremos una sociedad más libre, feliz y solidaria, habrá que darle al cuidado, uso y percepción del cuerpo, un lugar más importante, no poner trabas a sentir, que las personas sientan, perciban, piensen y amen. Actuar con respeto a las propias decisiones, con respeto y aceptación de las decisiones de las otras personas. Amar es coincidir, aceptar y respetar las no coincidencias.

Todas las actividades perceptuales que nos ayudan a sentirnos son importantes a nuestras vidas. Abracemos el masaje perceptual para no dejar nunca de sentirnos, percibirnos, conocernos y reconocernos en cada momento, sea recibir un masaje profesional, un automasaje, dar un masaje a la abuela, a la madre, a la pareja, a los hijes, entre amigues, disfrutar los masajes en la naturaleza. ¡Viva el sentir!

Percibirnos y sentir, nos ayudará a entender lo que siente la pareja, hijos, hijas, hijes, amigos, amigas, familiares y también aquellas personas con las que no elegimos relacionarnos y la vida nos obliga a ello.

Mi propuesta es recuperar lo que la naturaleza nos ha regalado, "Sentir y Pensar".

MASAJE PERCEPTUAL EN PERSONAS MAYORES

Las personas que llegan a mayores tienen gran mérito, no sólo la paciencia de haber vivido y seguro haber ayudado a vivir a muchas otras, también el haber acumulado experiencia, historia, inteligencia, relaciones y creaciones.

Toda su vida está inscrita en su cuerpo, cada arruga, cada mancha de su piel, cuenta instantes de su vida. Es un cuerpo que debe sentirse con orgullo, valorizarse y ser valorizado. Es un cuerpo que desea ser tocado, acariciado, que desea sentir, percibirse y percibir el cuerpo de las otras personas. El masaje debe ser parte de su vida.

La mayoría de las personas hasta muy avanzados los ochenta años tienen cuerpos fuertes que toleran y agradecen el masaje perceptual. Si la persona es muy anciana y su cuerpo es muy frágil, le será maravilloso un masaje de superficie, con cuidadosas presiones de volumen y estiramientos suaves que le ayuden a sentir su estructura.

En tiempos en que todo es consumible y desechable, se puede correr el riesgo de estigmatizar, invisibilizar y despreciar a las personas mayores. Es necesario enseñar, en la infancia, adolescencia, juventud y adultez, el respeto, el amor y el agradecimiento hacia las personas mayores.

Un cuerpo que muestra el mapa de la historia de una larga vida es bello y lleno de riquezas.

El automasaje, el masaje dado por profesionales, el masaje que pueden dar adultos, jóvenes, nietos, nietas, nietes, hijos, hijas, etc., a las personas mayores, en forma creativa luego de leer este libro, serán una fuente de percepciones, comunicación y amor para ambas personas.

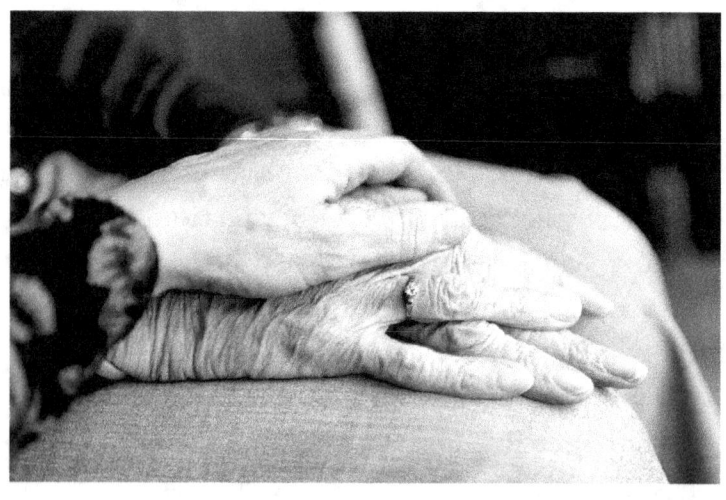

REGALO

Es habitual regalar ropa y adornos para vestirse, es un juego creativo con el cuerpo, también muchas veces de normalización social.

Una buena idea es incorporar el masaje perceptual como un valioso regalo, contiene ingredientes para conocerse, adquirir seguridad y autoconfianza. Un obsequio donde las sensaciones son estimuladas todas por igual, un viaje al cuerpo y en el cuerpo, una aventura de descubrimientos y permanencias, una fuente de creatividad, de inteligencia y vivencias, una fuente del "Sentir".

Sería muy beneficioso practicarlo e incorporarlo a la vida diaria, en la familia, reuniones de amigues, como complemento de muchas actividades y disciplinas que quieran recibirlo en su seno.

Enseñaría a desarrollar la atención, la escucha, la concentración, daría conocimiento, placer y relajación. Ofrezcámosle la oportunidad de que se practique en un aula, de educación infantil, primaria, secundaria, universitaria, en el descanso en el trabajo, en un gimnasio, en clases de yoga, Pilates, psicomotricidad, danza, teatro, canto, música, en un hospital, en una residencia de personas mayores.

El masaje perceptual como aquí lo expongo, es un método, una propuesta organizada, una posición ante la vida.

Mi deseo: ¡disfrutadlo!!

SOBRE LA AUTORA

Enriqueta Martínez Weiss, especialista en psicomotricidad, tiene una extensa formación en psicología, neuromotricidad, sensopercepción, técnicas de masaje, educación física, danza. Investiga sobre técnicas y formas de cuidar el cuerpo en todos sus aspectos, con respeto, placer, bienestar, solidaridad y armonía con la naturaleza.

Su dedicación a la docencia, abarca desde el nivel superior, el trabajo con niños, niñas, adolescentes, personas adultas y mayores, personas con dificultades motoras, neurológicas, de audición y visión, grupos de mujeres, niños y niñas en situación de maltrato y colectivos en situación de exclusión.

Su labor en la educación psicomotriz y de sensopercepción, ha reforzado su creencia de que el cuerpo es nuestra única pertenencia, por lo que es importante educarlo, disfrutarlo y protegerlo, a nivel individual y social.

Propicia que todos los géneros necesitan cuidar, amar y disfrutar de sus cuerpos, lo que genera conciencia para cuidar y respetar a otros cuerpos.

Nace en 1945, sus estudios, formación docente y gran parte de su trabajo transcurre en Argentina. A los cuarenta años se traslada a España donde continúa trabajando en diversas instituciones y a nivel privado, país en el que se encuentra radicada.

Actualmente desarrolla trabajos de investigación, divulgación y formación, publicando libros y material de educación, dictando cursos y seminarios.

AGRADECIMIENTOS

Mi más sincero agradecimiento a Montse Gómez Cuevas, por sus fotos que ilustran gran parte del libro, en especial las de "Masaje perceptual en situaciones lúdicas" y a las amigas que en ellas aparecen. A mis familiares, amistades y profesionales que aportaron con sus imágenes.
A Miriam De Loredo y a Victoria Rayo Lombardo, por la lectura, observaciones y sugerencias que enriquecieron el libro.
A la naturaleza por dotarnos de la capacidad de percibir.

www.ingramcontent.com/pod-product-compliance
Lightning Source LLC
Chambersburg PA
CBHW071410210526
45465CB00001B/331